U0396532

博物馆教育与跨界融合

——湿地博物馆专业委员会 2017 年学术研讨会论文集

中国自然科学博物馆协会湿地博物馆专业委员会 编

浙江工商大学出版社
ZHEJIANG GONGSHANG UNIVERSITY PRESS

图书在版编目(CIP)数据

博物馆教育与跨界融合：湿地博物馆专业委员会
2017 年学术研讨会论文集 / 中国自然科学博物馆协会湿
地博物馆专业委员会编. —杭州：浙江工商大学出版社，
2017.6

ISBN 978-7-5178-2170-0

Ⅰ. ①博… Ⅱ. ①中… Ⅲ. ①沼泽化地－博物馆－中
国－2017－文集 Ⅳ. ①P942.078－28

中国版本图书馆 CIP 数据核字(2017)第 103056 号

博物馆教育与跨界融合

——湿地博物馆专业委员会 2017 年学术研讨会论文集

中国自然科学博物馆协会湿地博物馆专业委员会 编

责任编辑	陈晓慧　何小玲
封面设计	林朦朦
责任印制	包建辉
出版发行	浙江工商大学出版社
	(杭州市教工路 198 号　邮政编码 310012)
	(E-mail：zjgsupress@163.com)
	(网址：http://www.zjgsupress.com)
	电话：0571－88904980,88831806(传真)
排　　版	杭州朝曦图文设计有限公司
印　　刷	杭州恒力通印务有限公司
开　　本	710mm×1000mm　1/16
印　　张	11
字　　数	180 千
版 印 次	2017 年 6 月第 1 版　2017 年 6 月第 1 次印刷
书　　号	ISBN 978-7-5178-2170-0
定　　价	40.00 元

序

  2017 年 6 月,我们如约迎来了中国自然科学博物馆协会湿地博物馆专业委员会第七次全体大会暨学术研讨会。在隽美如画的额尔古纳湿地,湿地同行们的再次相聚,意义非凡。湿地博物馆专业委员会学术研讨会自 2011 年举办第一届以来,已经成长为中国自然科学博物馆协会的品牌学术活动。研讨会旨在为相关领域的实践者、研究者和管理者搭建交流平台,以理论和实证研究引领湿地场馆的前进与发展。

  本次研讨会的主题是"博物馆教育与跨界融合"。教育是博物馆的首要职能。博物馆应当对学校开展的各类相关教育教学活动提供支持和帮助;跨界融合就是让博物馆更好地适应社会和承担更多的社会责任。将文化创意和时尚业与博物馆结合,将服务业和旅游业与博物馆结合,以及将其他相关产业与博物馆结合,建立传统经典文化与新兴产业之间的联系。各成员单位以及关注湿地保护的社会各界人士围绕上述两方面加以阐发,分享研究成果、实践经验,研讨解决问题的方式方法,涌现了不少真知灼见。

  感谢中国自然科学博物馆协会湿地博物馆专业委员会的大力支持,感谢为此次学术研讨会提供精彩论文的作者,更感谢为此书编辑出版付出辛劳的各位。希冀读者能从中获得思想的火花、经验和借鉴。

  在论文集的编写过程中,难免有不当之处,欢迎广大读者批评、指正。

2017 年 5 月 1 日

于中国湿地博物馆

目　录

博物馆教育与跨界融合

白燕培

（辽宁省朝阳市文物考古研究所）

【摘　要】教育是博物馆的首要职能，博物馆应协助学校教育，成为学校教育的第二课堂。博物馆作为社会文化教育机构，承担着提高全民族的思想道德素质和科学文化素质，为经济发展和社会全面进步提供强大的精神动力和智力支持的历史使命。当今，博物馆也正呈现出向多样化功能发展的趋势，博物馆与旅游、服务、企业等的合作越来越多，逐步走向跨界融合，探索出博物馆发展新思路对其自身及社会各界将会起到积极的作用。

【关键词】博物馆教育　跨界　融合　学校教育　成人教育

一、博物馆的教育职能

"1966 年在科伦坡举行的主题为'国家博物馆在教育中的作用'的全国博物馆讨论会上，斯里兰卡的教育总监 E. H. 德·阿尔威斯先生在开会辞中，发表了一种人们广泛持有的观点，认为'博物馆的首要目的之一就是进行教育，虽然组织为此目的服务的博物馆是最近才开始的'……德·阿尔威斯先生认为，教育是一个有意识的过程，只有加以计划和组织，这个过程才会产生。"[1] 由此不难看出：教育是博物馆的首要职能。那么，博物馆的教育职能是什么时候产生的呢？我们来回顾下博物馆教育职能的产生历程：

"1683 年开放的近代世界上的第一家博物馆——阿什莫林博物馆即隶属于牛津大学。这一时期博物馆教育仅是一种自然行为。直到 18 世纪中期，工业革命的兴起引发了教育革命,而社会的教育革命又催生了博物馆教育意识和自觉行为的形成。如为满足产业工人业余学习的需要,博物馆延长开放时间,甚至设立实验室和讲演厅。一些博物馆则积极配合学校教育活动,如 1884 年英国利物浦率先开展向学校出借教学标本的活动。而德意志科学技术博物馆因为明确地将民众的教育视为自己首要的职责,被认为是现代博物馆教育功能最终确定的一个标志。此后,西方博物馆教育不断发展,尤其自 20 世纪 70 年代以来,随着人类社会从工业社会向信息社会的转变,西方博物馆教育在适应全民教育、终身教育时代的过程中,确立了博物馆教育的特性和个性,并在'以观众为导向,为社会发展服务'的观念引导下,向纵深拓展。"[2]

二、博物馆教育与学校教育

博物馆教育是多方面的,一般来说,其教育内容主要包括两方面:协助学校教育和进行成人教育。博物馆协助学校教育,成为学校教育的第二课堂。博物馆面向整个社会,它的展览和其他教育活动与社会历史、社会环境、自然环境、社会政治、经济、科学、文化,以及人们的生产、生活、娱乐等有着密切的联系。因此,它既能吸引成年人参观,又能满足他们追求各方面知识的兴趣,在进行成人教育方面,具有明显的优越性,被誉为没有围墙的大学。[3]

博物馆教育与学校教育都是教育的形式,两者有共同之处:"博物馆与学校教育的共同点都在于传播,都是知识和文明的传播殿堂,二者的关系应互为佐证、优势互补,相互渗透、相得益彰。特别在青少年的培育和教育方面,更具有相通和互补性。"[4]"学校和博物馆教育的交集有两点。第一,培养的主体相同:学校培养的主体是学生,特别是处于基础教育阶段尚未完全进入社会的学生;博物馆教育的主体是人民大众,青少年是其中最重要的一个群体。第二,培养的目标相同:学校力求培养德智体美劳全面发展的人才,而博物馆从'以人为本'的教育理念出发,使其社会教育更贴近实际,把学术性、专业性、知识性、观赏性和趣味性统一起来,充分发挥其知识教育、思想道德教育、美育和环保教育的作用。二者仅仅有交集点只能说明有互动的必要性,发现二者对青少年素质教育和全面发展的相互补充作用才能整合学校与博物馆的资源,使促进青少年全面发展成为可能。"[5]"日本的博物馆把对青少年的教育放在十分重要的位置,他们认为从小培养孩子对博物馆的喜爱,一方面可以将民族的历史和文化植根于他们幼小的心灵中,另一方面在他们成人后还会带着他的家人和孩子来参观博物馆,是博物馆未来不可或缺的参观群体。"[6]

但是,两者也有不同,博物馆教育是学校教育不能代替的:"学校教育偏重基础知识,博物馆教育偏重实践;学校教育偏向片面式,博物馆教育偏向立体式;学校教育是教师、学生和书本知识之间的互动,教师主导占多数,博物馆教育则是学生、实物和博物馆教育人员之间的互动,大多数可以以学生主导为主。"[5]博物馆教育与学校教育是不可分割的整体,它们互为补充,相得益彰,缺少了其中的任何一种,青少年所受教育都是不完整的,因此说博物馆是青少年健康成长的乐园。

学校与博物馆互动的方式有:第一,博物馆举办展览,学校组织学生参观;第二,博物馆工作人员通过介绍藏品来向老师、学生进行教育;第三,教师可以将博物馆活动纳入每年的年度教学方案,增加实践的元素;第四,可将课堂搬到博物馆去,学历史的去历史类博物馆,学美术的去美术馆,学科技相关专业的可以去科技馆,等等。

但是目前,博物馆与学校教育严重脱节,其原因是:"首先,学校对博物馆教育的作用还缺乏认识,重视传统教育方式,习惯课堂的知识传授,忽视课堂外的学习。没有主动与博物馆的教育挂钩,通过博物馆的实物来补充课程的内容。其次,许多博物馆对观众的服务意识很差,缺乏观众第一的观念。没有把为观众服务的程度,作为博物馆社会效益考核的指标。博物馆教育在这些馆里,没有发挥出其应有的作用。同时,由于博物馆经费紧张,也缺乏必要的宣传,有许多人还不知道博物馆是怎么回事,他又怎么可能成为博物馆观众,从中吸取知识的养料呢?以上问题的解决,除了客观上增加对博物馆的经济投入以外,博物馆的主管者,主观上要解决好为观众服务的态度问题,处理好教育—观众—效益(社会的和经济的)的辩证关系,积极地开展工作,充分发挥博物馆的社会教育作用。"[7]

三、博物馆与成人教育

现在,我国在博物馆成人教育方面做得还是不够好:传统教育在国人心中根深蒂固,现代教育需要克服认识上、接受上的诸多障碍;博物馆参观人数未纳入博物馆年度考核指标,造成大多博物馆等观众上门接待的局面,来就接待,不来也不会去主动开拓新客户;博物馆宣传力度不够,好多民众甚至不知道该博物馆的存在。

作为博物馆社教工作者,应该做教育的先行者、开拓者,在整合博物馆教育与社会教育中发挥桥梁纽带的作用,使博物馆教育功能得到充分的发挥。

四、博物馆的跨界融合初探

"实践联合国教科文(组织)的最新教育要求,博物馆教育就要放下架子,主动走进社区,融入社会,以普及教育的全新理念,实施教育的正向引导。也就是说,博物馆教育只有注重基础教育与能力教育的结合,才能调动学生及公民参与博物馆教育活动的积极性。"[8]博物馆不能脱离社会和社会大众,而应始终将自己与社会融为一体:博物馆教育与学校教育相融合;博物馆教育与群众文化相融合;博物馆教育与社区教育相融合;博物馆教育与企业文化相融合;博物馆教育与假日经济相融合;博物馆教育与传媒文化相融合;博物馆教育与公关活动相融合。[9]当今时代,博物馆也正呈现出向多样化功能发展的趋势,而博物馆的教育潜力究竟有多大? 这是每个文博人都需要思考的问题。

下面从博物馆服务、文化创意产品开发、旅游业合作等方面对博物馆跨界融合进行讨论,有不当之处,还请各位专家批评指正。笔者认为可以从以下方向努力:

(1)强化博物馆服务意识,提高博物馆服务质量。"博物馆的教育与服务包括许多方面,主要是为广大观众提高思想品德和文化素养(服务),为在校学生的校外教育服务,为成人终身教育服务,为保护文化遗产和科学研究服务,为旅游观光和文化交流服务。"[10]除此之外,还要逐步建立起整合"吃、住、行、游、购、娱"六要素的一条龙服务机制。

(2)推出适销对路、具有特色、令游客喜爱的文化创意产品。文化创意产品要体现博物馆的文化内涵或包含该地区历史文化元素,使它们成为博物馆最好的代言人,使游客能在短暂的参观停留后,长时间地保留参观博物馆的美好记忆。

（3）逐步探索博物馆与旅游企业的合作之路，开展旅游营销活动。比如，博物馆可以与旅行社开展合作，制订"旅行社推广方案"，向旅行社推荐具有本馆特色的旅游项目，并为游客增加互动体验和有奖竞猜等环节，切实提升团体游客的数量。

（4）博物馆可以与服装设计领域进行合作，对各时代的服饰进行梳理，汲取古代服饰工艺的优良元素，改进现代服装设计水平，使服饰体现时尚与历史的统一性。

（5）探索博物馆与玉料加工、雕刻和艺术学校的合作之路，形成产学研一条龙的局面，盘活文物资源，使库房里、展厅里的文物活起来，古籍记载的雕刻、制造工艺活起来。既学习了古代文化，又解决了社会就业问题，还提高了学生的动手能力。

（6）博物馆应改变传统的教育理念，推陈出新，充分发挥新媒体的作用，发挥网络的正确舆论导向作用，逐步形成由全国博物馆、纪念馆、科技馆等构成的社会教育服务网络，加强互动交流，最大限度地发挥博物馆的教育职能。

（7）逐步探索博物馆与事业单位、机关、企业、学校等机构的合作模式，成立博物馆志愿者协会，这是各个机构融合、发展的必要基础，是争取社会各界人士支持的重要手段。

（8）博物馆教育还需要设计对残疾人的教育。残疾人也需要接受教育，拓宽知识面，为社会做贡献，博物馆应探索供残疾人使用的建筑设施，推出专门供残疾人参观的特殊展览。在国外，伦敦维多利亚和阿尔伯特博物馆在此方面做得很好："新的展览和陈列中都要为残障人士提供辅助设施，包括用布莱叶盲文标出的'可触摸物件'。"[11]目前，我国博物馆在残疾人教育方面跟西方相比还很落后：对残疾人重视不够；对残疾人的服务投入不够，残障设施功能有限；从事残疾人教育的专业人才匮乏，无法为残障人士提供服务；针对残障人士的展览也是凤毛麟角。鉴于此，博物馆应该逐步探索残疾人教育工作，探索与残疾人联合会的合作途径，多方筹措资金，使博物馆变成一个为残障人士提供更多方便的参观场所。

参考文献

[1] 肯尼斯·赫德森.八十年代的博物馆——世界趋势综览[M].王殿明，杨绮

华,陈凤鸣,译.北京:紫禁城出版社,1986.

[2] 陈淑琤.关于重构博物馆教育学的思考[C]//中国博物馆学会社教专业委员会,陕西省博物馆学会.科学发展观与博物馆教育学术研讨会论文集.西安:陕西人民出版社,2007:17-22.

[3] 中国大百科全书出版社编辑部.中国大百科全书——文物·博物馆[M].北京:中国大百科全书出版社,1993.

[4] 赵继敏.博物馆与学校教育[C]//中国博物馆学会社教专业委员会,陕西省博物馆学会.科学发展观与博物馆教育学术研讨会论文集.西安:陕西人民出版社,2007:86-90.

[5] 徐翠红.青少年健康成长的乐园:尚待进一步开发的博物馆教育[C]//中国博物馆学会社教专业委员会,陕西省博物馆学会.科学发展观与博物馆教育学术研讨会论文集.西安:陕西人民出版社,2007:138-143.

[6] 张巍.博物馆与青少年教育的思考[C]//中国博物馆学会社教专业委员会,陕西省博物馆学会.科学发展观与博物馆教育学术研讨会论文集.西安:陕西人民出版社,2007:126-130.

[7] 马继贤.博物馆学通论[M].成都:四川大学出版社,1994.

[8] 郑智.博物馆教育漫谈[C]//北京博物馆学会.北京博物馆学会第四届学术会议论文集.北京:北京燕山出版社,2004:540-546.

[9] 陈薇莉.博物馆与社会[C]//浙江省博物馆学会 2004 年学术研讨会文集.杭州:浙江省博物馆学会,2004:11-15.

[10] 沈晨霞.博物馆职能的延伸[C]//浙江省博物馆学会 2006 年学术研讨会文集.杭州:浙江省博物馆学会,2006:133-135.

[11] LANG C.博物馆社区教育活动的设计[C]//博物馆——以教育为圆心的文化乐园:国际博协教育委员会 2010 年上海年会论文集.广州:暨南大学出版社,2011:87-97.

信息化背景下的
自然科学类博物馆教育活动

王莹莹

（中国湿地博物馆）

【摘　要】在现代博物馆的各项业务中，教育不仅是博物馆对社会的责任，也是其重要功能之一。文章以自然科学类博物馆为例，提出在信息化社会大背景下，博物馆教育活动应有其独特的开发原则与实施策略。通过将博物馆教育与学校教育相互融合，依托博物馆建设青少年网络课堂，设计与开发数字化学习配套资源，充分发挥互联网技术优势，将自然科学类博物馆的展示、学习功能与受众需求紧密结合，从而有效推动自然科学类博物馆教育活动的研发与实施。

【关键词】信息化　博物馆　教育

一、教育活动是发挥博物馆教育功能的重要渠道

（一）教育活动是实现博物馆公共价值的重要途径

在现代博物馆的各项业务中，教育不仅是博物馆对社会的责任，也是其重要功能之一。1992 年，美国博物馆协会发布了《卓越与平等：博物馆教育与公共面向》（*Excellence and Equity：Education and Public Dimension of Museums*），该报告鼓励博物馆将"教育"放在公共服务（角色）的中心。并且指出，博

物馆是"公共服务与教育机构,而'教育'这个字眼包含了探索、研究、观察、理性思考、沉思与对话之含义"[1]。在当前中国经济快速发展的前提下,公众的文化服务需求也迅速增大,从另一个角度说,公众也有权要求博物馆提供良好的文化服务,有权在博物馆享受并使用那些承载着丰厚历史文化信息的教育资源,因为那是人类共同的文化遗产。

(二)教育活动是博物馆非正规学习的绝佳载体

美国国家科学基金会(The National Science Foundation)将非正规学习定义为"自愿且主动引导的终身学习,主要因本身兴趣、好奇心、探索、操作、幻想、任务达成与社群互动等受到激发。非正规学习通常会牵涉社群互动,尤其是与家庭成员和同伴团体的互动,其中更包含了玩耍这个因子。在博物馆中,非正规学习的发生主要通过计划性教育活动和展示导览等方式"。博物馆教育手段较之学校教育更具灵活性、娱乐性,不同年龄、不同种族、不同职业的人都可以在博物馆获得教育。博物馆教育活动是学校教育的有益补充,是非正规学习的绝佳载体。

二、互联网技术推动博物馆教育活动的发展

近年来,互联网和虚拟现实技术的发展,使得人们熟悉的学习环境正在逐渐由"实"变"虚"。互联网技术开始以"互联网+"的形态与各行各业融合,催生出多样化的产业形态。例如,互联网与商业融合催生了众多知名网购平台,互联网与教育行业融合出现了Coursera等一系列免费公开在线课程项目。与之相应,数字化博物馆开始向着智慧博物馆发展,虚实融合的博物馆学习环境正逐步走进人们的视野。

(一)"开放交互"使博物馆教育活动由被动变为主动

互联网以其交互性、开放性为信息的获取带来了无限广阔的空间,成为人们获取知识、交流思想、休闲娱乐的重要平台。曾几何时,博物馆是公认的"公众托管藏品之所",通常观众只有进入场馆之后才能观察和体验,而博物馆的教

育活动等则隐藏得更深。随着"互联网＋"时代的到来,各个行业之间的边界逐渐变得模糊,博物馆也开始由"被动参与"逐渐变为"积极互动"。此时,博物馆成为一个开放的教育平台,公众不再受时间和空间的限制,可以自由获取需要的信息,博物馆将为思想的碰撞提供家园。

(二)"跨界融合"为博物馆教育活动的发展开拓新渠道

依托互联网平台,用跨界思维融合多方力量,将博物馆与周边资源实现线上线下无缝连接,在融合中探索新的运作模式,提高博物馆的运作效能,必然为博物馆教育活动的发展开辟新渠道。2015 年 7 月,由上海科技馆、上海 STEM 云中心与上海青少年科学社共同策划的"STEM 科技馆奇妙日"活动,为广大青少年科学创新爱好者提供了融合科学、技术、工程、数学的各种内容展览,受到了公众的热烈追捧。中国湿地博物馆 2016 年在微信公众平台推出的科普栏目"耳朵游湿地",以音频形式将湿地知识转化成有声故事定期推送,引导听众主动发现和探索大自然,收到了良好的社会反响。这种跨界融合催生的新能量为博物馆教育注入了新鲜血液,也为博物馆教育活动的发展开辟了新渠道。跨界融合的过程是从"0"到"1"的质的飞跃,就像孕育新生命一样,蕴含着行业发展的未来。

(三)"个性尊重"实现了博物馆教育活动的可持续发展

互联网之所以能得到广泛的重视与传播,其根本是对个性的尊重,对用户体验的注重和对人的创造力的重视。目前,国内许多具备前瞻眼光的博物馆,都开始积极探索观众的分众化教育。分众化教育的优势在于受众目标群明确,可以充分满足受众的需要,实现传播效果最大化。一方面针对不同群体、不同观众有区别地开展教育活动,另一方面通过立足某个展览、活动主题,开发一系列延伸和拓展型教育活动,并结合新媒体技术手段,覆盖至各个年龄层的社会公众。利用互联网进行博物馆分众教育,可以拉近教育内容"提供者"与"接受者"间的距离,利用大数据等手段对公众体验进行及时反馈,从而不断改善公众对传播内容的体验。在"互联网＋"的大背景下,尊重公众体验将进一步推动社会教育公平,将为博物馆教育活动的持续发展增添动力。

三、信息化背景下的自然科学类博物馆教育活动

自然科学类博物馆中教育活动的目标,涉及参观者的兴趣、知识、能力、态度等各个方面。在美国国家研究理事会发表的《非正式环境中的科学学习:人,场所与活动》报告中,"非正式环境中的科学学习"的具体目标包括以下六个方面[2]:①产生兴趣与学习动机;②理解科学知识;③(具有)从事科学推理的能力;④在学习过程中能够积极反思科学;⑤参与科学活动,并具有使用科学工具的能力;⑥发展科学学习者的自我认同能力。上述目标相互关联,互为支撑,作为自然科学类博物馆的教育活动目标,反映出博物馆中的科学学习对学习者各个方面的影响,也为博物馆科学教育活动的设计提供了依据和评价标准,为博物馆教育活动的研发与实施规范化提供了参照。

(一)开发原则

1.体现年龄的针对性

博物馆的教育活动要体现"以观众为中心"的原则。以青少年教育为例:针对幼儿思维发展的具体形象性和简单性,设计简单而有趣的科学活动或游戏,并使用鲜艳的色彩营造活动氛围吸引幼儿的注意;小学生的思维仍然以具体形象为主,抽象思维开始萌芽,因此可设计具体的主题活动,提供具体的材料促进其思维能力的形成;当学生进入初中以后,思维的抽象性得到进一步的发展,通过科学实验或小组活动,从具体问题出发,为他们解决真实的生活问题做准备;高中是逻辑思维形成和发展的时期,可以将具体问题深化,为高中生提供探讨科学、哲学、社会发展之间的关系的机会。这样,不同年龄的学生都可以在博物馆中找到适合自己的教育活动,为学生进一步参与活动和理解科学提供积极的心理准备。

2.提升活动的互动性

博物馆自由开放的人际氛围,为学习者提供了自由交流的社会文化环境。受众可以借助这种人际互动,从他人那里得到有用的信息,更好地理解科学原理,或者与他人一起完成一项任务。这种与他人协作的方式,不仅有助于问题

的解决,还提高了参与者的主动性和积极性。此外,博物馆应该尽可能地为青少年这一受众群体提供人际沟通和交流的机会,开发需要与他人(家长、同伴、讲解员等)合作完成的项目,使他们有机会在合作中思考和解决问题。

3. 注重结合学校科学课程

博物馆要想吸引青少年观众,很重要的一个方面就是使他们在参观后有所收获。这种收获可以是理解了一个新的科学概念或原理,也可以是获得一种思考问题的新方式,还可以是情感上的激动、震撼、兴奋等。结合中小学的科学课程,开发一系列不同的科学活动,是自然科学类博物馆发挥教育价值的重要途径。这样,青少年在参与每个活动时,都能够学习到与其课程相关的科学内容以及它们的具体应用。

4. 具有新奇性和趣味性

自然科学类博物馆的活动不同于学校的教学,具有更多的自由和更高的开放度。美国学者发现,新颖性是展品吸引观众的重要特征。其实,在自然科学类博物馆,无论是展品还是演示,为青少年提供一种新奇的感觉,是吸引他们的重要因素。趣味性不仅表现在活动的内容和表现形式上,还体现在材料的搭配和环境的布置上。突出活动的趣味性,抓住学生的兴趣点,可以直接影响学生在活动中的体验深度和积极思考的程度。

(二)研发与实施策略

1. 博物馆教育与学校教育相融合

在以往的教育教学实践中不难发现,现实的学校教学环境与基于网络平台的虚拟教学环境都有着各自的优势与局限。现实世界中的教学环境能为学习者提供真实的体验,在提升学习者情感和动机方面要优于虚拟的网络环境;虚拟的网络平台和工具则能够打破地域和空间限制,提供丰富的在线学习资源,大大拓展学习者的探究与学习领域。一方面,越来越多的学校将在线学习与课堂学习相结合,开展混合式学习教学实践;另一方面,虚实融合的数字化博物馆中所开展的学习活动,既包含传统课外学习的方式,涉及游戏化学习、碎片化阅读等虚拟环境下的新型学习方式,又包括了线上线下一体化(O2O)的学习方式。事实上,只有将现实的学习情境与虚拟学习情境相融合,才能既发挥前者动手动脑利用真实数据进行科学探究的优势,又发挥后者资源丰富,便于协作、分享、互动的特点。

具体而言,博物馆可以通过设立工作坊或单独设立与学校教学对口的工作团队的形式,通过提供专业化的博物馆教育指导或讲座的方式,推动博物馆教育与学校教育相结合。如中国湿地博物馆连续多年开展的"绿色三进"系列教育活动(进入学校、社区、大学生社团),就是馆校结合的典范。博物馆与学校的项目合作,馆校之间的经验交流,可以提升博物馆专业人员所需的教育教学能力,完善博物馆人员的专业发展途径,为博物馆专业人才培养提供借鉴。此外,学校教师可以通过与博物馆专业人员的交流,了解与馆藏展品相关的历史或科学知识,将博物馆教育资源作为课堂教学的资源和案例。同时,在与博物馆的合作之中,逐渐明晰将博物馆资源运用到课堂教学中的实现途径。

2.依托博物馆建设青少年网络课堂

青少年是国家和民族的未来,青少年教育应该成为各级各类博物馆教育的工作重点之一。自然科学类博物馆利用现代信息技术,将博物馆学习的课程、教材教具等已有成果数字化,利用视频课程、在线教育平台和远程教学环境向青少年学习者提供系统化的博物馆教育资源,可以构建更加开放的在线教学环境。

在这方面,国外一些大型博物馆的先进经验可供借鉴。以美国自然历史博物馆(American Museum of Natural History)为例,该馆是世界上规模最大的自然历史博物馆,也是美国主要的自然历史教育和研究中心之一。该馆门户网站主要分为"展览""教学""探索""物馆研究""参观计划""日程安排"等若干板块,为在线参观者提供了海量的数字化学习资源。例如,"探索"板块根据不同的主题来组织教学资源,以"气候变化"这一科学主题为例,网站将与该主题相关的所有资源按照资源类型划分,其中包括"博物馆中相关展览""课程""藏品""目前项目""研讨会等各类资源"等内容。这一详细的规划方式,使得"气候变化"这一专题显得十分有逻辑性。青少年参观者通过对基础知识、课程内容、展品参观的在线学习,对相关领域逐步了解,最终对该话题产生全面的了解。[2]

再比如美国的史密森博物馆学院网站,其在线资源包括150个公共网站以及50个内部站点,由150名全职和兼职网管及网络专家共同监管。这一系列网站涵盖各个年龄层观众的需求,观众可通过这一系列网站使用播客(podcasts)、网络广播(webcasts),观看视频,查询地图,下载教案和海报等,还可以通过 Web 2.0 平台进行体验。针对博物馆参观的不同阶段,网站的功能发挥也有所侧重。在参观前阶段,预先提供观众信息预览,在线互动和体验,数据库或引擎搜索,素材下载,等等。而在参观后阶段,除了与观众保持联动,在线满足观众的需求或通过构建网络社区发布参观者的观点外,还通过"在线会议"等为观众提供在线职业发展机会,力求将普通参观者发展为忠实拥趸。

3. 数字化学习配套资源的设计与开发

数字化学习资源是指通过计算机网络可以利用的各种学习资源的总和。具体地说是指所有以电子数据形式把文字、图像、声音、视频、动画等多种形式的信息存储在光、磁、闪存等非纸介质的载体中,并通过网络、计算机或终端等方式传输或再现出来的学习资源。[3]数字化学习资源借助互联网的实时性传输,可即时地将新的内容上传至网络,能为终身学习者及时提供新的、权威的学习信息。

基于网络的协作学习是未来重要的学习组织形式。它打破了传统课堂的限制,使学习者可以自由组合成若干组,通过 Internet 利用数字化学习资源在小组内进行交流、协作,共同完成学习。数字化学习资源是协作学习的基础,是进行协作学习的重要前提。因此,为博物馆参观者研发配套的学习资源,将博物馆展示、学习功能与受众需求紧密结合,将成为博物馆数字化学习配套资源的设计与开发基础。为此,自然科学类博物馆应当积极结合自身特色,充分利用馆藏,发掘、拓展藏品功能。依据对象人群的特点,设计活动形式和内容,设计、开发配套教学辅助资源,诸如多媒体教材、立体学习包、教学参考包、在线课程等。利用数字化资源学习的协作化特征,促进学习者在非学校环境进行学习上的交流,使学习者在知识获取中遇到问题时,能够在其他学习者的帮助下得到及时解决。

参考文献

[1] 美国博物馆协会.博物馆教育与学习[M].湖南省博物馆,译.北京:外文出版社,2014.

[2] 张剑平,夏文菁.数字化博物馆与学校教育相结合的机制与策略研究[J].中国电化教育,2016(1):79-85,108.

[3] 陈琳,王矗,李凡,等.创建数字化学习资源公建众享模式研究[J].中国电化教育,2012(1):73-77.

湿地公园宣教中心在环境教育中的作用

——以星湖国家湿地公园宣教中心为例①

武 锋

（广东肇庆星湖国家湿地公园管理中心）

【摘　要】在教育职能上，博物馆和湿地公园宣教中心是相似的，宣教中心是国家湿地公园验收的硬性指标之一，是开展湿地科普教育的重要场所。如何在环境教育中发挥宣教中心的优势和作用，提高社会效益、生态效益，这是目前湿地公园宣教中心面临的机遇和挑战。本文以星湖国家湿地公园宣教中心为例，介绍了宣教中心如何发挥环境教育的作用。

【关键词】宣教中心　环境教育　星湖

教育职能自博物馆诞生伊始就作为其基本职能之一不断发展变化[1]，博物馆是科普教育的基地和第二课堂[2]。目前我国对博物馆的教育研究比较多，郑旭东[3]阐述了博物馆教育的历史和逻辑。黄翠[4]以中国湿地博物馆为例，阐述了绿色主题教育的经验和思考。张剑平、夏文菁[5]从科学技术普及、文化遗产保护与利用、优秀文化传承等不同视角出发，结合多个案例，对博物馆教育与学校教育结合的机制创新、博物馆活动与学校课程结合的主要策略等问题进行探讨。在教育职能上博物馆和湿地公园宣教中心是相似的，然而国内外对湿地公园宣教中心的教育功能研究得较少。目前全国正在掀起一股湿地公园的建设高潮，宣教中心是湿地公园不可或缺的重要场所，如何发挥好它的环境教育职

① 基金项目：广东省科技厅项目（2015A070706002）。

能值得思考。本文以星湖国家湿地公园宣教中心为例，结合工作实际，将经验分享出去，以期抛砖引玉。

自星湖国家湿地公园宣教中心成立以来，在省科协、市科协的支持下，通过各有关部门大力帮助，星湖湿地的生态保护和生态科普教育取得明显成效，先后荣获"肇庆市科普教育基地""广东省青少年科技教育基地""广东省科普教育基地""中国最美湿地场馆"称号。在中国自然科学博物馆协会湿地博物馆专委会、中国绿色时报社、百科知识杂志社联合开展的评选"中国最美湿地场馆"活动中，星湖国家湿地公园宣教中心场馆，是广东省唯——个进入了"中国最美湿地场馆"评选活动的科普场馆，星湖国家湿地公园宣教中心凭借自身丰富的科普内容、优美的湿地景观、便捷的区位优势等等，最终成功入围前三甲。

一、环境教育的背景和意义

环境教育是以人类与环境的关系为核心，以解决环境问题和实现可持续发展为目的，以增强人们的环境意识和提高有效参与能力、普及环境保护知识与技能、培养环境保护人才为任务，以教育为手段而展开的一种社会实践活动过程。1972年6月5日，联合国在瑞典首都斯德哥尔摩举行第一次人类环境会议，通过了著名的《人类环境宣言》及保护全球环境的"行动计划"，提出"为了这一代和将来世世代代保护和改善环境"的口号，并将大会开幕日定为"世界环境日"，以彰显开展环境教育的重要性。

科普宣教活动是湿地公园"四大职能"内容之一，它面向全体公众，以多种形式普及湿地科学知识，提高公众对湿地的关注度，使人们认识湿地，从而保护好我国的湿地资源。湿地公园宣教中心承担着湿地科普宣教的重要职责，是开展环境教育的重要平台。[6]

二、湿地公园宣教中心在环境教育中的优势
——以星湖国家湿地公园宣教中心为例

（一）资源优势

星湖国家湿地公园宣教中心（图 1）总面积为 1250 平方米，其中室内面积 250 平方米，室外占地面积 1000 平方米。宣教中心分室内科普馆和室外湿地植物科普园两部分。馆内外设置了生态模拟区、宣教互动区、湿地科普园等宣教区域。

图 1　星湖国家湿地公园宣教中心

进入湿地公园宣教中心，呈现在眼前的是美轮美奂、极具现代感的立体多维空间，右侧是生态模拟区，左侧是宣教互动区。湿地风光和知识通过"平面与立体展示的结合、标本与实物展示的结合、天空投影与湿地模型的结合"，让人一览无遗，叹为观止！

1. 生态模拟区

走进其中，头顶是蓝天白云，脚下是森林、海洋和湿地三大生态系统的模

型,让人感觉仿佛置身于大自然的怀抱。里面还开辟有湿地生物标本展示、星湖水族箱等湿地知识板块,设置了观众留言区,并安装有湿地快拍、天幕投影等设备,生动、直观地展示了湿地生态系统的功能,说明了保护湿地的重要性,唤醒了人与自然和谐共处的意识。

2.宣教互动区

这里是一个多功能的课室和休息室。里面设有宣传栏、多媒体视频播放器、电子信息触摸屏等设施,并开设了湿地课堂,为游客提供湿地的知识讲解、咨询,开展形式多样、生动有趣的互动活动,帮助游客快速、全面地获取关于湿地的相关资讯,直观地认知和了解湿地文化。

3.湿地科普园

走进湿地科普园,观众立刻有眼前一亮的感觉,仿佛走进了一个神奇的文化大观园。上百种奇花异草环绕,周围的湖面水天一色,蜿蜒曲折的幽静小道,将中草药区、湿地植物种植区、半湿地植物种植区和湿地农耕文化体验区巧妙地组合成了一块独特的科普天地。

(二)区位优势

星湖国家湿地公园位于广东省肇庆市端州区中心,有多条公交线路可以直达。紧邻321国道、广肇高速,广佛肇城际轨道的开通也大大方便了来肇游客。同时,肇庆还有直达广州白云机场的大巴,交通十分便利,区位优势十分明显。

(三)宣教优势

星湖国家湿地公园宣教中心的优势在于使用大量的标本、资料图片和高科技设备,使参观者以多维参观、试听、触摸等多种方式感受环境教育,营造出身临其境的感觉,使大众在愉快的氛围中获取知识,在不知不觉中陶冶情操,增强了环保意识。此外,星湖国家湿地公园宣教中心配备了不同专业的讲解员,满足不同受众对科普宣教的要求。星湖国家湿地公园还储备了大量的科普志愿者,他们以肇庆本地的大学生为主。有了这些志愿者的帮助,宣教中心得以更好地服务观众以及进行湿地科普宣教。

三、如何发挥宣教中心在环境教育中的作用

星湖湿地内开展的科普宣教活动,是一种面向大众,以科普湿地知识为目的的项目类型。主要有两种方式:一是在星湖国家湿地公园宣教中心,以现代信息化媒体为平台,演示、传播湿地科普知识,通过网站、微信公众号、电子触摸屏等媒体传播湿地信息与知识;二是在以湿地科普园为代表的室外科普宣教中心,以湿地恢复讲解、湿地功能展示、湿地文化宣讲、图片展览等形式向大众宣讲介绍湿地植物、鱼类、鸟类等。

(一)结合自身特色,吸引公众接受环境教育

1.丰富的展览内容

首先,星湖国家湿地公园宣教中心内外布置了湿地科普文化长廊、室外湿地植物种植试验区、植物生长观测区、水生动植物观测区、中草药展示区、湿地农耕文化展示区、户外科普宣传栏、湿地各类标识牌,还建立了科普教育网站,组织鸟类图片展。

其次,星湖国家湿地公园宣教中心在室外新安装了亚马逊湿地喷雾系统。该系统覆盖面积达1000平方米,具有保护和净化湿地环境、降温加湿、节水节能等效果。当然,喷雾也带来了附加的造景功能,成为星湖湿地科普的新亮点。

最后,新增鸟类监控系统。在星湖国家湿地公园内新增高清监控摄像机27台,其中布置于野生鸟岛的摄像机有18台,全天候监测鸟类活动,并将监控画面传回宣教中心,便于开展观鸟活动。

2.多元的展示手段

星湖国家湿地公园宣教中心运用图片、模型和展板,将传统展示手段与声光电技术相结合,注重科学性与趣味性相结合,多手段展示湿地科普宣教内容。

3.线上线下相结合

建设星湖国家湿地公园科普宣传新平台。利用申报的专项资金建设星湖国家湿地公园网站(http://www.gdxhsd.cn/),网站设置了科普宣教专栏并配备专人负责跟踪上传资料,拓展了星湖国家湿地公园的科普教育途径。同时,

星湖国家湿地公园还建立了微信公众号(gdxhgjsdgy),服务湿地科普工作。

(二)开展形式多样的科普教育活动

星湖国家湿地公园宣教中心每年分别和市科协、市林业局、市环保局、市科技局等单位联合举办纪念世界湿地日、世界地球日、世界环境日、全国科普日活动,"生态科普进校园"等活动。经过多年的探索,星湖国家湿地公园已经形成具有自己的特色与风格的主题活动。目前主题活动(详见表 1)主要分为特色纪念日活动,环境教育进社区、进校园,"引进来"——招募学校、社会团体在宣教中心开展活动。

表 1   星湖国家湿地公园宣教中心主题教育活动表

名称			活动内容	备注
	主题	时间		
特色纪念日活动	世界湿地日	2 月 2 日	湿地公园导赏 知识讲座	
	爱鸟周	3 月 20—26 日	爱鸟护鸟知识讲座 户外观鸟活动	新型培训
	湿地农耕文化体验活动(见图 2)	7 月 15 日	收割水稻,体验湿地文化	动手操作
	全国科普日	9 月	主题宣传 环境知识讲座 互动游戏	联合市科技局、市科协
	野生动物保护月	11 月	"猜猜我是谁" "动物对对碰"	联合市林业局
环境教育进社区、进校园	世界环境日	6 月 5 日	走进颂德学校,保护环境 我们应该怎么做	联合市环保局
	进社区	8 月	走进石牌社区,爱鸟护鸟 知识宣传	交流互动

续 表

名称		活动内容	备注
主题	时间		
大学生校外采风实践活动	9月	肇庆学院来星湖湿地进行作品创作	
香港米埔自然保护区参观交流	不定期	学习先进的湿地保育、科普宣教工作方法与经验	
香港渔农自然护理署参观交流	不定期	交流公园管理经验,分享成功做法	

(注："引进来" 跨越"大学生校外采风实践活动"、"香港米埔自然保护区参观交流"、"香港渔农自然护理署参观交流"三行)

图 2　星湖国家湿地公园湿地农耕文化体验活动

(三)依托自身资源组织青少年体验学习

星湖国家湿地公园于2016年12月成功开展广东自然学院试点学校工作,并先后分别与肇庆学院、颂德学校、睦岗镇中心小学等一批单位签署了共建教育基地协议。此外,星湖国家湿地公园也正在实施国家"十二五"湿地保护恢复工程,项目内容包含科普宣教软硬件的建设。该项目的完工建设,将助推星湖湿地的环境教育工作。

四、后期科普教育工作提升计划

（一）强化科普组织保障，壮大科普宣教队伍

一是大力推进科普教育基地组织体系建设。成立了星湖湿地科普教育基地工作领导小组，制订了《星湖湿地科普教育基地工作制度》，加大力度推进湿地科普教育基地创建工作。二是推进科普宣教队伍建设。星湖国家湿地公园宣教中心还成立了星湖湿地科普志愿者队伍和星湖湿地保护志愿者队伍。

（二）提升科普教育人员素质，服务湿地科普

采取聘请湿地专家咨询、授课等方式，对湿地管理人员进行湿地管理业务培训和湿地科普知识教育，提高其湿地保护工作的自觉性、主动性和针对性。组织中小学生走进湿地，参与环境保护、观察野生鸟类、听取鸟类保护知识讲座，帮助青少年认识湿地，了解湿地，增强环保意识。

总之，我们将以争创全国科普基地为目标，以做好科普宣教工作为己任，在国家、省、市相关单位的指导下，进一步加强科普设施建设，强化工作措施，完善科普网络，壮大科普队伍，积极适应新形势下科普工作的需求，努力打造星湖湿地科普工作新亮点，促进星湖湿地科普工作社会化、群众化、制度化、经常化，充分发挥星湖国家湿地公园宣教中心的功能和作用，为科普宣教事业贡献更大力量。

参考文献

[1] 冯丽娜.试论博物馆教育职能的发展——以内蒙古地区博物馆教育为例[D].呼和浩特：内蒙古大学，2012.

[2] 杨芙晖.浅谈湿地博物馆在青少年环境教育中的作用——以张掖湿地博物馆为例[J].学周刊(上旬)，2016(2):233-234.

[3] 郑旭东.从博物馆教育到场馆学习的演进:历史与逻辑[J].现代教育技术，

2015(2):5-11.

[4] 黄翠.青少年绿色主题教育活动的设计理念和成效——以中国湿地博物馆为例[C]//王康友.全球科学教育改革背景下的馆校结合——第七届馆校结合科学教育研讨会论文集.北京:科学普及出版社,2015:224-232.

[5] 张剑平,夏文菁.数字化博物馆与学校教育相结合的机制与策略研究[J].中国电化教育,2016(1):79-85,108.

[6] 武锋,李世伟,吴国华.广东星湖国家湿地公园科普宣教设计研究工作探讨[J].广东科技,2016(15):50-52.

互联网时代背景下
博物馆教育发展之路
——以宁海县海洋生物博物馆为例

王 盛

（浙江省宁海县海洋生物博物馆）

【摘　要】当今社会，随着互联网的发展与普及，各行各业都开始进入数字化、网络化时代，博物馆也不再被动等待，而是通过互联网开始自主走向大众。随着社会文化和科技的进步与发展，以及人们对自然科学科普教育的需求日益增加，民办博物馆与学校教育、旅游服务等行业只有跨界融合才能具备自主造血能力，焕发新的生机，获得更强的生命力。中国文化传媒集团中传文化财富研究院院长建议：民办博物馆不能坐等"扶持"，而应主动出击，走一条以馆养馆，跨界融合的特色发展之路。

【关键词】互联网　博物馆　跨界融合

博物馆以实物为基础，采用形象化方法，向人们传播科学文化知识，陶冶艺术审美情操，进行爱国主义教育，脱离刻板的书本教育，离开条条框框的束缚，寓教于乐，寓教于行，使参观者具有"求知"的欲望，提高自主学习的热情。在互联网相当普及的时代背景下，如何使博物馆教育与学校教育、旅游服务等行业更好地跨界融合，成为博物馆事业的重要课题。

一、博物馆与互联网时代

(一)博物馆的功能与作用

《博物馆条例》总则第二条对博物馆的定义是："博物馆,是指以教育、研究和欣赏为目的,收藏、保护并向公众展示人类活动和自然环境的见证物,经登记管理机关依法登记的非营利组织。"发挥博物馆功能,满足公民精神文化需求,提高公民思想道德和科学文化素质是博物馆事业的重点。由此可见,"教育"与"服务"是博物馆的首要职能及核心价值所在,也必将成为推动我国博物馆事业可持续发展的新动力。

(二)互联网时代背景

1.互联网的普及

中国互联网络信息中心 2017 年发布的第 39 次《中国互联网络发展状况统计报告》显示,截至 2016 年 12 月,我国网民规模达 7.31 亿人,互联网普及率达53.2%。这就意味着平均两个人当中就有一个网民。而随着智能手机、平板电脑的普及,"低头族"也越来越多,他们的生活离不开网络,离不开"微信""微博"等 App,这就促使博物馆行业也必须融入互联网中。个人智能手机将成为传送博物馆服务和教育内容的重要终端。

2."互联网＋"

"互联网＋",即互联网与各行业的跨界融合。互联网开始以"互联网＋"的形态与各行各业融合,催生出多样化的产业形态。例如,互联网与商业融合催生了网上购物平台,互联网与教育行业融合出现了一系列免费公开在线课程项目。我们的工作、学习和生活正在经受着这场变革带来的影响,甚至我们的思维方式和行为习惯也在悄悄地发生变化。随着"互联网＋"时代的到来,博物馆的运营理念和运营模式正在被互联网思维颠覆、重构。[1]

(三)"博物馆＋"理念

"博物馆＋",即博物馆教育的跨界融合。"博物馆＋"就是利用博物馆这一平台,让经典传统文化与当代社会进行深度融合,将文化创意与博物馆结合,将服务业和旅游业与博物馆结合,创造新的文化生态。跨界融合就是让博物馆更好地适应社会和承担更多的社会责任。通过"互联网＋"的迅猛发展,我们同样可以看到"博物馆＋"的前景。

(四)博物馆在互联网时代的适应性

博物馆、观众、互联网三者相结合才能更好地适应这个新时代。博物馆通过互联网平台让更多人知晓;观众通过博物馆获取更多的文化知识;通过互联网的广泛宣传,博物馆能更好地带动地方旅游业的发展,使人文与经济共同发展。

二、博物馆教育与学校教育相融合

目前,各个学校正在全面推进"素质教育",这是博物馆教育面临的一个新使命和新机遇,博物馆工作者应抓住机遇,更新观念,适应这一教育方式的变革。[2]

(一)传统的学校教育

传统的学校教育是一个人从小到大在学校所接受的教育,尽管随着时代的发展,教育方式会有一些更新和改变,但并没有突破传统学校教育这个范畴。

传统学校教育具有很大的局限性:①以教师传授的知识为主,学生学习压力大,自主获取知识的积极性普遍不高,学生甚至抗拒接受知识;②受教育场所限制,基本在学校区域以内教学,极少有拓展教育;③大多数学校的教育是教条式的、模式化的、僵化的,几乎一成不变,与生活相对分离。

(二)博物馆教育

与正规的学校教育相比,博物馆教育在丰富性、形象性、趣味性上占据明显的优势。博物馆一直发挥着辅助教学、科学研究等作用,但其辐射面较窄,我们应该积极采取措施,将"走出去"和"引进来"相结合,使博物馆进一步走出深闺,服务社会。博物馆的教育功能是博物馆收藏和研究功能的进一步延伸与拓展,唯有教育功能得到淋漓尽致的发挥,博物馆的收藏和研究功能才能真正落到实处。[3]

(三)博物馆教育与学校教育相融合

博物馆应坚持公益属性和社会效益第一的原则,始终把社会教育和服务作为优先和重点发展方向,大胆探索,引入新理念、新模式。展品是博物馆最有特色的教育资源,但目前我国大多数博物馆尚未充分利用该资源开展合适的辅导教育活动。很多展品本身就创设了一个学习的情境,不光是展品本身包含的科学知识和原理,还有其外观信息等,在教学活动的过程中都是可以利用的。[4]

博物馆应多与学校合作进行课外辅导教学,寓教于乐,充分调动孩子们的视觉、听觉、触觉等感官系统来参与教育活动。学生在没有学习压力的情况下,能自由选择自己感兴趣的知识,更甚者能调动全部的积极性"打破砂锅问到底"。

宁海县海洋生物博物馆(以下简称宁海海博馆)开馆以来多次与各中小学及幼儿园合作举办活动,并已成为多所学校的课外教学基地。现又购入了科学放大镜和光学显微镜,可以给孩子们提供更形象、更生动的实物教学,同时也能提高他们的科学探索能力。博物馆以展览、讲座等形式结合相应的展品给孩子们生动有趣地传授科学知识,例如:

(1)宁海海博馆联合强蛟镇中心小学、宁海县海洋与渔业局和浙江海洋大学,开展"海洋文化进校园"主题活动(图 1),通过宣传海洋文化,营造浓厚的海洋教育氛围。世界上最毒的鱼是哪一种?为什么深海的鱼会发光?南极的鱼儿为什么不会被冻成冰块?海葵是一种花吗?飞鱼为什么会飞?中日钓鱼岛之争是如何产生的?宁海海博馆黄馆长亲临活动现场,结合展板内容向孩子们介绍"海洋仿生学""海洋开发""丰富的海洋资源"等知识,回答以上问题,鼓励孩子们努力做海洋文化的传播者、海洋环境的保护者、海洋强国的建设者。

图1 "海洋文化进校园"主题活动

（2）宁海海博馆与幼儿园跨界合作，进军低龄段儿童科教。宁海海博馆与强蛟镇中心幼儿园共同举办海洋知识校外课堂活动（图 2），开展了一堂博物馆文化体验课，博物馆的工作人员向小朋友们介绍海洋生物标本。小朋友们在参观的过程中，既学习了海洋生物知识，又进行了动手动脑的实训操作。托、小班的孩子们描述自己所看到或所想象的海洋动物。中、大班的孩子们则通过观察，在画板或白布上画出自己心目中的海洋生物。

图 2　海洋知识校外课堂活动

（3）宁海海博馆与宁海青少年活动中心共同举办了一次海洋生物绘画与海洋知识竞赛活动（图 3）。当绘画班的小学员将一张张剪下来的鲨鱼、刺鲀、海龟、缰纹鳞鲀、龙虾、蟹等作品粘贴在"海洋总动员"大型海报上时，当文学社的学员们在踊跃竞答时，海洋科普知识已在潜移默化中植入学员们的内心，博物馆也完成了它的使命。青少年活动中心的领导认为，应加强与海博馆的联系，多进行这种益智活动，让更多的青少年了解、探索、喜爱海洋，投入保护海洋的行列中来。

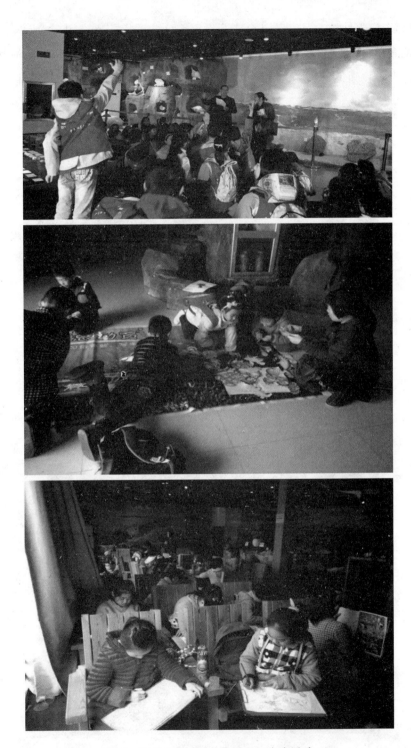

图 3　海洋生物绘画与海洋知识竞赛活动

（4）宁海海博馆与县宣传部合作开设科普公益讲堂"海洋与生命"（图4），内容涉及海洋生命的起源，奇特的海洋生物，海洋生态环境的污染与破坏，海洋生物与仿生科技知识，倡导人们保护海洋环境，爱护海洋生物。

图4　科普公益讲堂"海洋与生命"

（5）讲解员、小导游体验。学校组织小小志愿者到宁海海博馆学习讲解知识，体验讲解员和小导游工作，在学习知识的同时，锻炼自己的胆量和语言表达能力，并学会自主查阅，掌握知识，以应对游客提出的各种疑问。这也给孩子们增添了新的学习途径和学习乐趣。

三、博物馆与旅游业相融合

博物馆的性质和特征决定了其对旅游业发展的重要性，作为公众接受教育的场所，博物馆在社会主义精神文明建设，发展先进的文化，发展面向现代化、面向世界、面向未来的，民族的，科学的，大众的社会主义文化中起着不可低估的作用。每一个国家的文化教育事业总是由多种文化教育设施组成的，今天的博物馆已成为世界各国一种普遍的文化教育设施。[5]游客在参观的同时也在接受着潜移默化的教育。

（一）宁海海博馆的场馆特色

宁海海博馆坐落在风景秀丽的浙江宁海湾旅游度假区，馆内共收藏有 3000多件海洋生物标本，是国内专业的海洋生物标本收藏馆。藏品综合了我国主要的海洋生物类型，涉及海洋生物化石、珊瑚类、贝壳类、鱼类、甲壳类、棘皮类、藻类等主要物种。

一楼的珊瑚馆采用仿生装饰，利用声、光、电等科技手段，全面再现光怪陆离的海底世界，其中金色、黑色、紫色、红色、蓝色、粉色等珍稀珊瑚标本色彩斑斓，具有很高的观赏性。二楼与三楼展出了贝类、鱼类、甲壳类等生物标本 1000余件，不乏罕见的珍稀品种。其中长为 77.14 厘米的银翅大法螺，被"大世界基尼斯总部"认定为国内最大的法螺。馆内还藏有世界著名的各种宝螺，难得一见的印度圣螺，罕见的海洋毛发石，特大的海洋野生珍珠，上亿年前的各种螺化石，大型的侧扁软柳珊瑚，特长的管螺，百斤鱼残骨，鲸鲨标本，等等。

丰富而有特色的藏品，应景的海边环境，使前来旅游的游客耳目一新，不枉此行。宁海海博馆作为旅游景点之一，为宁海湾的旅游开发做出了一定的贡献。

(二)宁海海博馆的海洋特色旅游纪念品

旅游纪念品是为了顺应旅游行业的发展需要而衍生出来的特定商品。它应该具有强烈的地域性、时代性和便携性,是构建旅游城市形象,传递旅游城市文化的重要载体。[6]

随着人们购买力与旅游需求层次的不断提升,大多数游客其实都希望买到具有纪念意义和地方特色的旅游纪念品,而千篇一律的旅游纪念品市场无疑在第一眼就让游客望而却步。

宁海海博馆所提供的纪念品以各种贝壳为主,贝类工艺品为辅。虽然这些纪念品并不是尽善尽美,但每一件都蕴含着博物馆人对海洋的追求与执着,对自然的尊重与感知,对中华传统文化的热爱与信念。

(三)博物馆与旅游业相融合的益处

将博物馆放入当地的旅游景点,适应市场经济的需求,能成为旅游业的亮点。游客通过博物馆网络平台对博物馆藏品有个初步了解,到达目的地后能更有针对性地进行游览。

游客在宁海湾游玩,既能体验海上游船的新奇,又能在博物馆内看到各种各样的海洋生物标本,在游玩过程中还能学到科学知识。充实的旅途,是许多游客都非常乐意接受的。

四、总 结

我们可以看到,不是博物馆过于刻板,而是没有找到能让人们对其改变印象的媒介。古今中外,博物馆基本都是蕴藏渊博知识,馆藏丰富,博古通今,紧密连接着大自然和大自然的发展历史。当博物馆开始跨界融合,就瞬间具有了弹性和不确定性,无论是奇特的自然之物、沉重的历史文物、先进的科技力量,抑或是美丽的时尚宠儿,大家都能从博物馆独特的氛围中感受到其蓬勃的生命力与浓厚的趣味性。博物馆的跨界融合就是一条自我造血之路,更能激发博物馆的潜能,使博物馆发展具有无限可能。

参考文献

[1] 王小明,刘哲."互联网"时代背景下博物馆管理创新的思考[EB/OL].(2016-02-17)[2017-04-06].http://www.chnmuseum.cn/Default.aspx?TabId=138&InfoID=108337&frtid=124&AspxAutoDetectCookieSupport=1.

[2] 丁福利.博物馆教育的一个新使命和新机遇——关于博物馆配合学校素质教育的初步思考[J].中原文物,1999(4):93-95.

[3] 高燕.博物馆在中小学教育中的作用[C]//中国自然科学博物馆协会湿地博物馆专业委员会.实践 融合 创新——湿地博物馆专业委员会2015年学术研讨会论文集.杭州:浙江工商大学出版社,2015:113-117.

[4] 孙伟强,张力巍.引导观众以科学实验的方式操作体验展品——科技馆展品探究式辅导的探讨[J].自然科学博物馆研究,2016(3):56-61.

[5] 王国秀.博物馆建设与旅游业的发展[J].东南文化,2005(5):94-96.

[6] 王雅莲.具有海洋文化特色的珠海旅游纪念品设计实践[J].艺术科技,2015(1).

浅论声音展示在湿地博物馆
科普教育中的应用

夏宇飞

（合肥安达创展科技股份有限公司策划部）

【摘　要】湿地旅游需要综合的公共服务空间和科普平台，好的平台能够调动参观者的各种感官，实现全方位享受。感官中调动情绪最有效者莫过于听觉。湿地存在着各种听得见和听不见的声波，很多声音都是游客喜欢听到或渴望听到的。就博物馆空间来说，声音是辅助因素，但在调动引导参观心理和情绪上扮演着至关重要的角色。本文站在受众角度，基于声音感知与接受心理的相关理论，以及博物馆声音运用的理论与实践，借鉴电影录音艺术理论和工作方法，探讨声音展示在湿地展馆里的功能和应用，以求给观众展示一个更具活力、更加生动的湿地博物馆。让展品活起来，让展馆活起来，向公众提供一个亲切的、可交流的自然体验教育环境。

【关键词】湿地声音　生态教育　录音艺术　情绪　听觉

一、引言

湿地旅游是生态旅游中一种重要的模式。关于生态旅游，世界自然保护联盟（IUCN）认为，生态旅游是"到自然区域开展负有环境责任的旅行，以享受和欣赏自然，同时来访者的影响要少，并维护当地民众的社会经济福利"；国际生态旅游协会（TIES）对生态旅游的定义为"开发并利用自然环境中所保留的魅力生态资源，同时以此促进人与生态的和谐发展"。

生态旅游是指以可持续发展为理念,以保护生态环境为前提,以统筹人与自然和谐发展为准则,并依托良好的自然生态环境和独特的人文生态系统,采取生态友好方式,开展的生态体验、生态认知、生态教育并获得心身愉悦的旅游方式。

本文重点关注"生态认知",探讨湿地类博物馆该如何运用声音,建立声音展示系统,让湿地博物馆的展陈更加生动,内容更加丰富。本着以人为本的原则,从人们在生态认知过程中对自然界声场做出的反应,知识与方法的习得方式,以及对生态环境可能的反馈进行论述。在此基础上,探讨湿地类博物馆如何通过声音调动情绪和传递信息,丰富博物馆参观方式,调动观众好奇心,激发观众兴趣,并优化博物馆教育职能,以担负起生态科普的社会责任,实现更高的社会价值,让展馆活起来,实现生态文明。

二、湿地旅游与博物馆

(一)湿地旅游中游客对湿地自然声音的感知

游客在湿地游玩的过程中,除了观光与拍照外,对声音的关注和分辨,也是游览的重要组成部分。

普通人可以听到的声音主要有以下几种:

源自动物的生理发音和行为的声音,例如鸟鸣、虫鸣、鱼跳出水面的声音、动物的脚步声等等。

源自湿地植物、水面和空气流动的自然现象声音,如水波声、风吹草木的响声、特殊形状岩石造成的风鸣、土石滚落声等等。

此外,还有人耳无法听到的声音,例如次声波和超声波,以及地下、水下这些人类不可及空间中传出的声音。

在游览湿地时,普通游客会被一些声音吸引,停下来欣赏声音,如鸟鸣、虫鸣、风吹苇荡树叶声等,兴致所及的话,还会进行模仿互动,享受和自然交流的乐趣。部分游客具有专门目的,如观鸟、摄影爱好者,会根据声音判断目标所在,及时进行特定的艺术活动,如拍照、绘画、录音、组织活动等。最后,还有想象力丰富或求知欲强的游客,会对"不可及"的声音产生好奇与兴趣,如纪录片《微观世界》中昆虫的脚步声,或《海洋》中鱼类的鸣叫。这类游客会想办法听到这类特殊声音,对这类需求,博物馆除在保证安全的前提下给予其探索条件之外,还可建设与创新科普设施,使博物馆成为满足这类游客需求的理想场所。

(二)湿地博物馆的意义和作用

就湿地旅游的功能构成来说,愉悦前提下的探索与学习是必不可少的体验,故而湿地博物馆或设有具备博物馆功能的访客中心,在湿地旅游中扮演着无法替代的角色。

综观当今国内外湿地及湿地公园,如西溪湿地、宁夏沙湖湿地、黑龙江扎龙湿地、太湖国家湿地公园、张掖黑河湿地、香港湿地公园、日本钏路湿原、东京湾野鸟公园、英国伦敦湿地公园、美国奥兰多伊斯特里湿地公园等,均设有博物馆,或设有具备博物馆功能的访客中心、瞭望台等建筑设施。

站在游客的角度,这些湿地博物馆或访客中心,均具备了如下职能:

1. 科普教育

毋庸置疑,教育是博物馆的首要职能。在湿地博物馆中,其展陈多为通过动植物、泥土等标本展示,场景还原,配以多媒体的参观查询互动设施,让观众了解湿地的气候、土壤、水文、环境、人类的开发利用、保护工作等各方面知识,并通过精心的展陈设计,创造寓教于乐,充满趣味的观展氛围。

2. 休闲服务

湿地公园通常面积较大,需要花较长时间,耗费较多体力才能完成参观。这些湿地博物馆均在湿地游览线中适宜的位置为游客设置休憩点、餐饮中心、卫生间等,同时提供风景观光、动物观察、医疗卫生及灾害应急等多种旅游服务,优化湿地公园旅游资源,提升旅游质量和游客舒适度、满意度和安全度。

3. 信息导览

通常,博物馆作为湿地旅游的一部分,承担着向游客提供信息,为游览提供高质量服务的功能,包括湿地景点分布、旅游路线规划、生物资源状况、功能设施分布等常规内容,同时为游客提供专门需求的信息导览,帮助其更好地完成湿地的旅游计划。

总而言之,湿地博物馆在功能上,除体现教育、收藏、展示、研究外,要从观众参观和接受的心理出发,实现馆与人的交流,而声音展示更多是从交流互动的角度,在视觉、听觉等各种旅游感受方面精心设计,给游客提供舒适、高效、便利的服务,以及系统准确的科普教育服务,满足观众与自然、观众与博物馆之间的认同需求,丰富当代湿地博物馆的社会职能与价值。

三、游客听觉需求浅析

(一)人的视听官能差异

在湿地旅游的过程中,一切知识、情绪、信息等都是我们用视觉、听觉、触觉、味觉、嗅觉这五大感官系统来感知的。根据实验心理学家赤瑞特拉的观点:人类获取的信息 83% 来自视觉,11% 来自听觉,3.5% 来自嗅觉,1.5% 来自触觉,1% 来自味觉。由此可见,视觉和听觉是最主要的两个感觉。

视听两大感官系统有着不同的官能机制,请参见表 1。

表 1　视听官能差异[①]

性质与能力	眼睛	耳朵
频率感应	$(4-7.2)\times10^{14}$ 赫兹	20—20000 赫兹
对波长的灵敏度	$(4-7.6)\times10^{-7}$ 米	16.5 毫米—16.5 米
光速和声速	300000000 米/秒	331 米/秒
成分分辨率	不能	能
大脑最初反应	理智/思维	情绪/直觉
集中	狭窄/指向	宽阔/全向
张开或闭合	都可以	只能张开
场所	空间	时间
传播	时间	空间

听觉是人类最早发育的感官,婴儿四个半月时便有听觉感知能力。视觉感

---

① David Sonnenschein, *Sound Design*: *The Expressive Power of Music*, *Voice and Sound Effects in Cinema*, Michael Wiese Productions, 2001, p. 151.

知的脑加工过程是逻辑思维，相比之下，听觉感知的脑加工过程主要靠情感和直觉，是无意识和直觉性的。日常生活中，人们都有这样的体验：当我们无意间在收音机里听到一首老歌，只要听到前奏就会无限感怀，进而沉浸到所有与这首歌相关的回忆之中。这说明声音对人感知、心理的触动能够在一瞬间就延伸开去。根据物理学解释，声音由振动产生，振动即运动。当外界的传播符号以运动的状态进入人的感官系统，向人的感知、想象、记忆和心理同时发出刺激，人的感知、记忆和心理则同步做出反应。同步反应不显示序列和逻辑，正因如此，人的认知更易于形成一个整体。

（二）现有湿地博物馆常见声音运用方式

中国湿地博物馆、张掖湿地博物馆、微山湖湿地博物馆、香港湿地公园访客中心等诸多湿地展馆，均不同程度地运用了声音展示。

现有的湿地博物馆中，常用的声音展示素材有：

源自非生物环境以及湿地植物的声音，如风声、雨声、水声、草木树叶摇动时的声音等。

源自动物的声音，如鸟兽虫等动物的鸣叫声，湿地鸟类的起飞，兽类的行走、捕猎，鱼类的跳跃等动作行为形成的声音。

耳朵听不见的声音转换，如超声波、次声波和极度微弱的声音，用科技手段将其可听化展示，如复原蝙蝠的回声定位、鱼类发出的声音、昆虫的脚步声等。

源自人的发声器官与身体运动的声音。在展示湿地与人类关系的主题展示中运用，表现民族文化和精神内涵，或者通过语言、口述，让观众与展厅产生交流感，有助于宣传人与湿地关系密切、人与自然和谐共处的理念，使人形成保护湿地的意识，促进保护环境的行为实践。

背景音乐、语音解说。这类声音是常规且非常必要的展览组成部分。

在展厅之中，这些声音经常配合的展示手段有：

场景还原，包括感应式场景和开放式场景。在场景中营造自然的声音，在展馆中再现自然的感觉，增强效果，活跃气氛，让人们在展厅中仿佛亲临湿地，增强浸入感、体验感。

声音识别类的游戏或展项。主要用于动物的发声器官和身体运动形成的声音，为湿地博物馆观众提供多感官的观览服务，调动观众好奇心，以丰富的手段延长观众的参观时间，给观览增加乐趣，也有助于提升观众在湿地观光中的学习探索性体验。

讲解、音效、配乐等背景音乐。这类声音的应用目的主要在于用最简单的方式去讲解知识，并且适度改变获取知识的感知方式，缓解参观中产生的精神疲劳。运用名人或权威专家的口述，或关于湿地的代表性音乐展示，例如《一个真实的故事》，由于人们的集体潜意识中已将这首歌和丹顶鹤保护联系到一起，加上歌曲本身较高的创作水准，因此会收到很好的效果。

在博物馆中，声音展示一方面引起生理动机，引发参观行为，另一方面声音的社会属性具备认识事物与启动情绪的功能，能让人通过声音对事物进行判断，同时做出相应心理反应，产生情绪。这个传播过程，无须借助语言中转机制，跳过了人们对信息辨认、排列、组合等一系列心理过程，释放了人的情感，以更直接、更感性的方式满足了人自我延伸的心理需要。这在博物馆的接受心理学中，可以理解为观者由自身经验的实践感而增强了对博物馆所传递的湿地、生命、生态、人文内容的亲近感和认同感。

声音展示以其传播功能上的延伸效应突破了博物馆的传统展示手法，又因其凝聚了人类生活经验、文化范式及生态环境信息而具有文献价值，拓展了我们对展示内容的理解。从展示效果看，它更多是从交流互动的角度，满足了观众与湿地、观众与博物馆之间的认同需求。

四、利用听觉映象提升湿地博物馆教育功能

(一)博物馆声音展示的运用实例

论及此问题前，笔者首先分享一下几处较为成功的博物馆声音展示经验。其中的理念与实践值得我们学习借鉴。

1. 荷兰鹿特丹海事博物馆、鹿特丹历史博物馆

这两所博物馆在展陈中大量使用了声音展示。无论是 Buffel 军舰上的船员生活，还是鹿特丹城市的历史，原本由静态实物、图片、人物蜡像等构建的历史场景，由于声音的出场，更加立体，更加活跃，使观众置身于一种全新的文化

体验中。

这两座博物馆均赋予声音展示极大的"独立性",充分发挥声音在展示中的独特功能与价值,同时将其作为一种突出的展示效果加以彰显。如鹿特丹历史博物馆内有关 1940 年空袭内容的展区中,刺耳的飞机盘旋声,激烈的轰炸声,还有市民们在炮火废墟中的哭喊声,孩子们稚嫩绝望的声音,令人尤为惊心。

2.上海自然博物馆

上海自然博物馆的声音系统运用方式较为常规,即结合展品或场景设置。但强大的内容支持和优秀的空间展示效果,使得上海自然博物馆自开馆以来,始终保持超高的人气。以上海自然博物馆的非洲展区为例,展区用传统手段还原了各种动物的叫声,以及草原环境的特殊音效,循环不断地播放结合做工精致的宏大场景和精心设计的演示效果,让人仿佛身临非洲大草原。声音和画面结合,形象地复原了人们潜意识里关于非洲草原独特的环境氛围认知。

3.上海电影博物馆、日本北海道立北方民族博物馆

这两个展馆,尽管国别不同,主题不同,但均在比较重要的主题空间内,运用了类似的声音展示手段,即利用人们意识里形成的声音潜意识认知,在环境再现的基础上,利用声音调动情绪,引导人们建立起对内容认知的兴趣和情感。

上海电影博物馆的"星光大道"利用体感技术让走进来的观众"听到"虚拟粉丝的欢呼与闪光灯的咔咔声,感觉到像明星一般的待遇,这对观众的参观热情和对主题的关注均能起到很好的引导作用。

北海道立北方民族博物馆内的导入部,以「北のファンタジー」(北方的幻想)为主题,结合北方民族生活环境的图像展示,运用表现冰晶的声音、大自然严酷寒冷的声音和人类创造温暖居住环境的声音,三种声音巧妙组合,形成人们对北方民族生存环境、居住环境和文化的初步认识,成为了该馆的展示亮点。

(二)建立湿地博物馆良好声音展示的必要条件

1.准确、高质量的音频素材录制

要展示湿地的声音,高质量、凸显特色的素材是最根本的。我们看到,每个湿地都有独特的声音,又具有独特的动物,例如扎龙和盐城的丹顶鹤,张掖的黑鹳,英吉沙的白眉鸭,黄河口的东方白鹳,巴音布鲁克的天鹅,盘锦湿地的海豹等。城市的湿地中,也有人们深入自然惬意的表达,如出游时家人的对话和笑

声等等。声音是湿地的重要组成部分，在展馆中，要想建立听觉映象系统，声音素材要具备真实性、高品质与系统化的特质。记录下湿地的声音，需要我们有敏感的判断、专业的知识和严谨的精神，每个声音都不能糊弄，只有这样才能在我们的湿地馆里，让聆听者听到真正的湿地声音。

2.以人为本，了解观众对声音展示的接受心理和需求

按照接受美学的观点，要让声音在湿地博物馆展示中发挥更大作用，并不是靠对声音属性数据等的分析，而是从人出发，研究游客们感性的感受。观众看展览的过程，就是动机和需要不断被满足而强化的过程。

根据"听觉的三种模式"理论，聆听方式分为：关联聆听、语义聆听和还原聆听。其中，还原聆听是博物馆参观中较为常见的模式，声音为视觉、触觉等提供附加信息，从而完善人对世界的综合感知与认识。这种接受模式也是展陈中常用的一种吸引观众获取信息进行参观行为的经典手段，能调动观众兴趣、好奇等参观情绪。

具体到湿地旅游的过程中，我们可以发现，游客参观以湿地博物馆为代表的教育及信息服务空间时，起初的目的多为理性且实用的，即了解即将游览的湿地，获得相应的旅游信息，但进入展馆的行为一旦发生，必将形成一个参观心理和情绪。这种情绪有瞬变性、对记忆的调动性，以及对情境的依赖性。可以影响参观中信息加工的发动、干扰和结束，也可以直接影响认知过程中的"注意"环节，并利用丰富的信息，调动包含记忆在内的各种心理过程。如何将声音结合湿地旅游，引导游客积极情绪，促使其形成情感认知，完成高质量的参观娱乐和学习，是博物馆需要考虑的。

3.建立湿地博物馆中的声音展示体系

在收集足够的声音展示素材，深入分析观众听觉接受方式和心理的基础上，按照博物馆设计的整体思路、参观节奏和重要内容，将声学、接受美学与接受心理学、博物馆学、生物学、生态学等理论知识融会贯通，进而设计博物馆中的湿地声音展示体系，让博物馆成为一个"活态"的空间。以活化交流式的展陈实践，让观众在参观中与博物馆产生对话感，对观众旅游休闲、知识学习的情绪形成良性引导，对博物馆爱护湿地，保护环境，促进生态文明的理念产生共鸣，提升游客审美水平，增强环保意识。

声音的传播也要靠感官的综合调动。声音建立的听觉促使人们去核实视

觉,视听综合刺激人的感官,产生精确的真实感。展馆并非真正的自然环境,也不可能完全还原自然的视觉与声音效果。因此,在湿地博物馆之中的声音展示体系内,声音要具有特色,并根据展陈思路和内容结构,突出主体,合理分布,并建立清晰的结构,系统化地将湿地特色的声音,展现给广大观众,让观众不仅能听到,更能听辨、听出、听懂。根据听觉官能对声音高度分辨的特点,结合场景与展示形象的变化,让多种听觉模式或交替,或合并,或递进,发挥其优化观众观览的核心作用。

在展馆里体验湿地的过程中,我们渴望逼近最真实的湿地天然声音,但声音在真实的同时,也需要拥有某种和谐统一、合二为一的趋向力,也就是所谓的声音只有和声音情调、视觉形象与触觉感受相融合,才能构成立体式的听觉映象。

(三)依托科技,设计声音展品展项和文创产品

湿地博物馆声音展示系统的建立,需要依靠不断发展的展陈理念和展陈科学技术手段来实现。建立展陈声音展示系统,要深入研究普通游客对湿地主题内容的心理接受方式,以及各个感官的接受官能特点。前沿的创新成果与传统的成熟技术成就并重,组合运用合理的展陈技术,实现调动观众的情绪,丰富观众认知手段,提升观众认知层次的效果。利用人思维无意识层次的引导,深入人的内心,引导观众产生对湿地博物馆生态环保理念的认同和共鸣。

根据游客的接受心理和观览需求,可以将关于声音的展陈科技分为以下几类。

(1)信息展示类:通过音频设备,结合静态的场景、文物、触摸设备、体感设备、移动终端设备,甚至可能的精神意识驱动设备,对声音信息进行辨识、分析、欣赏,通过这类设备获得湿地的科普知识、旅游信息和生态环境保护等宣传信息。

(2)音画转换类:通过音频结合多种显示技术和节能技术,形成视听综合体验空间。此类展示技术多为引导之用,通过良好的感官效果吸引观众去了解相应的信息,激发观众的学习兴趣,满足观众好奇心。

(3)模仿互动类:这类展项在科技手段上应用的均是较为传统、操作简便的声音制造技术和方法,如对自然和动物声音的拟音技术及口技模仿等互动方

式,简单的参与,高度的体验感,能拉近人与湿地、生命、环境等的距离,增加亲近感。让观众亲身参与展馆声音系统的创意和营造,真正在博物馆中和湿地的方方面面产生积极的互动交流。

声音系统不仅体现在展示中,更体现在文创产品的开发中。在声音模仿、录制、收集、可视化转换等方面均有可开发的创意点。

生态博物馆理念将力求让湿地本身成为博物馆,退一步讲,单在展馆中,可以运用直播平台、遥感、卫星追踪等技术或媒介,提升博物馆的科技含量,丰富展示信息,并激发游客的好奇心,让参观更生动有趣,也让湿地之旅成为一个完整的娱乐学习体系。

高科技与传统科技相结合,根据观众体验的需求,设计出不同视听综合体验空间,让观众在湿地博物馆中尽情享受,才能促使他们在馆内停留乃至潜移默化地接受教育,实现湿地博物馆的基本功能和社会价值。

五、结语

习近平主席在致 2016 年国际博物馆高级别论坛贺信中提到,要让世界各国博物馆的丰富馆藏都活起来,为共同保护文化多样性、增进各国人民相互了解、促进人类文明进步做出贡献。这个文明也包括生态文明。无论"活起来"如何定义,能够愉悦观众感官并能形成交流一定是"活起来"的标志之一。关注经常被忽视的声音,并结合视听触等综合展示,让观众在展览中多发现,多思考,多进行心理层面的互动,形成一种"活态",让湿地博物馆像生机勃勃的湿地一样,有生命、有灵魂,成为能承载历史、延续文化的博物馆;给观众营造一个良好的环境,调动观众情绪情感,深入欣赏、理解展馆,产生共鸣,形成保护湿地,爱护环境的意识;让观众于喜闻乐见中接受博物馆教育,实现深层次、全方位的湿地博物馆教育职能。

参考文献

[1] 阿姆布罗斯,佩恩.博物馆基础[M].郭卉,译.南京:译林出版社,2016.

[2] 里见親幸.博物館展示の理論と実践[M].東京都:(株)同成社,2014:148.

[3] 童雷.空间的幻象:电影声音理论与录音实践[M].北京:中国电影出版

社,2015.

[4] 单霁翔.从"馆舍天地"走向"大千世界"——关于广义博物馆的思考[M].天津:天津大学出版社,2011.

[5] 陆建松.博物馆展览策划:理念与实务[M].上海:复旦大学出版社,2016.

[6] 北京市科学技术协会信息中心,北京数字科普协会.创意科技助力数字博物馆[M].北京:中国传媒大学出版社,2012.

[7] 华春.青少年应该知道的湿地[M].北京:团结出版社,2009.

[8] 赵莉,黄乐.浅析当代博物馆的声音展示——以鹿特丹海事博物馆和鹿特丹历史博物馆为例[J].东南文化,2012(6):109.

[9] 徐乃湘.博物馆陈列艺术总体设计[M].北京:高等教育出版社,2013.

试论博物馆社会教育的三重内涵

周丽英

（中国闽台缘博物馆）

【摘　要】博物馆的社会教育，就对象而言，应包含两个层面：一是作为学校教育的补充，主要是针对学生团体开展的社会教育活动；二是针对普通社会成员进行的继续教育活动。与此相应，博物馆的社会教育至少应包含如下三重内涵：一是对馆藏文物和陈列展览的阐释，二是对地域性文化知识的传播，三是对通识教育的参与和开展。对博物馆社会教育内涵的多维度探讨，有益于突破社会教育面向单一的学生群体局面，拓展教育对象的范围，涵盖广泛的社会大众。本文在此基础上抛砖引玉，求教于博物馆同人，进一步促进博物馆科学合理的、长远的项目规划和方案设计，进而推动博物馆社会教育的纵深发展，构建博物馆在国民社会教育体系中的重要地位。

【关键词】博物馆　社会教育　内涵

博物馆的社会教育就对象而言，应包含两个层面：一是作为学校教育的补充，主要是针对学生团体开展的社会教育活动；二是针对普通社会成员进行的继续教育活动。博物馆在这两个方面都应该发挥重要作用。但就目前博物馆开展的社会教育活动而言，针对学生群体进行的社会教育活动较为多样化，而对社会成员进行的继续教育活动却相对缺乏。出现这一现象有其深刻的历史缘由和现实原因。从我国博物馆的早期创设来看，其直接目的就是弥补学校教育资源的不足，特别是实物性教具和教学情境不足的缺陷。张謇1905年创立的我国第一家博物馆——南通博物苑就隶属于南通师范学校，并有针对性地对本校师生和文化人士开放。另外,由于当时社会大众公共意识普遍淡薄,知识文化水平较低,不文明的参观行为时有发生,迫使博物馆有选择地淡化了对普通社会大众的社会教育责任。这使社会大众和博物馆业内都形成了一种固有思维,似乎博物馆的社会教育就是专门针对学生群体开展的。这一状况在今天的博物馆社会教育活动中依然存在。

然而,倘若深入近代中国"救亡图存"的历史情境中去看,博物馆的社会教育功能却远非如此表面。著名的教育学家蔡元培先生在主政教育部期间,曾设立专门的社会教育司,负责拓展新的公民教育途径和手段,博物馆、图书馆、美术馆等文化机构及其相关工作都归为社会教育司负责管理。[①] 可见,博物馆被视为社会公共文化教育的重要机构,肩负着培育公民意识、开启民智等富有时代特征的社会教育职责和功能。因此,博物馆社会教育的对象必然是全体可能的社会成员,而非单一的学生群体。今日亦如是。基于这样的认知前提,博物馆的社会教育至少应包含如下三重内涵:一是对馆藏文物和陈列展览的阐释,二是对地域性文化知识的传播,三是对通识教育的参与和开展。对博物馆社会教育内涵的多维度探讨,有益于突破社会教育面向单一的学生群体局面,拓展教育对象的范围,涵盖更广泛的社会大众。

一、博物馆社会教育的核心
——对馆藏文物和陈列展览的阐释

对馆藏文物和陈列展览进行阐释是博物馆社会教育的第一重内涵,也是博物馆社会教育活动的核心。其形式多种多样,但最主要的形式和途径是讲解活动,即在博物馆建筑空间内针对走进博物馆的观众进行的以馆藏文物或陈列展览相关文化知识为内容的社会教育活动。换句话说,讲解活动是博物馆开展社会教育最直观的、首要的、核心的方式。这是因为,博物馆藏品收集的丰富性、陈列展览策划的科学性、学术研究成果的丰硕性,以至于博物馆功能的发挥,都有赖于讲解人员的解读才能实现,如果博物馆的讲解能力没有得到相应提升和发展,就无法把作为公共文化服务机构的博物馆之目的和意涵传递给观众。

---

① 徐玲:《博物馆与近代中国公共文化(1840—1949)》,北京:科学出版社,2015 年,第 170 页。

要想解决以上问题不得不对博物馆讲解团队的建设进行反思。一方面,尽管当下我国博物馆行业都采取多种形式来扩充讲解员队伍,并开展了多样化的专业培训来提升讲解水平,但相对于日益增长的观众数量而言,博物馆自有讲解员的数量远远不能满足观众常规讲解的需求。尽管博物馆行业都试图改变这一现状,并积极探索、改进和创新讲解方式,比如采取定时讲解、导览器服务、预约讲解等措施来缓解讲解需求与供给不平衡的压力,但依然杯水车薪。另一方面,就讲解的质量而言,我们也无法否认这样一个事实,那就是:大多数博物馆在招聘讲解员的时候,对形象、仪表、口头表达、才艺等方面的要求较为严格,甚至设置缺乏弹性的硬条件;与之相应的是对与博物馆主题相关的科学文化知识的考察和要求则相对宽松。这种用人导向必然会影响到博物馆讲解工作的深度开展。我们在参观博物馆的时候也经常会遇到讲解员认真背诵讲解词的情况。然而,讲解不仅是要讲出来,更要阐释清楚,这就必然要求讲解人员具备宽广的知识背景和面对不同观众群体选择知识体系的应变能力。特别是在遇到学术性和专业性较强的参观对象时,往往会被问及与博物馆主题、陈列展览、文物藏品相关联的其他知识,对讲解词的机械性背诵显然是无法应对这些问题的,那么讲解的效果也就变得不尽如人意。

讲解团队的建设是博物馆社会教育活动的保障和基础,如何应对并解决博物馆讲解活动在量和质两方面存在的问题,加强博物馆讲解团队建设,是博物馆人,特别是从事博物馆社会教育策划和研究的同人应该理性思考的问题。就此而言,可以吸收和借鉴国际博物馆讲解团队建设的积极经验,大力发展多元化的讲解梯队,培育志愿讲解员(义工)团队,以辅助解决博物馆自有讲解员数量不足的难题。在国内外的一些大型博物馆中,我们常常看到博物馆讲解员中不乏年长者,他们中有的是大学教授,有的是相关领域的专家学者,讲解起来更是深入浅出,可以根据观众知识水平的不同进行有针对性的阐述,这样的效果无疑是很好的,也有利于更好地实现博物馆社会教育活动的目的,把博物馆陈列展览和文物藏品蕴含的丰富文化内涵传递给观众。

此外,另一个值得思考的问题是,近年来形式多样的其他社教活动的对象性问题。前文提到博物馆社会教育的对象是社会大众,既包括学生群体,又应尽可能地囊括一般的社会大众。反观当下博物馆社教活动的现实,尽管博物馆的讲解活动存在有待提升的空间,但至少对象层面还能保持学生群体和一般社会成员的全面性、平等性；但近年来博物馆兴起的各种形式的其他社会教育活动如体验活动、亲子活动、手动 DIY 活动、民俗表演等大多有针对性地选择学生群体作为教育对象。这一方面是由于一般的社会大众受时间和个人因素的限制，参与博物馆社教活动的意愿不高，而学生群体由于性质较为单纯，常能配合博物馆社教活动的策划方案帮助博物馆完成社教活动，实现社教目的，因此，博物馆在策划社会教育活动伊始，往往乐意把学生群体默认为活动对象。

显然，把学生群体看作是博物馆社会教育的主要对象无可厚非，但作为人类文明和地域性文化收藏、保护、展示、研究、交流的公共文化服务机构，博物馆应把更多的关注投向全体社会成员，有意识、有针对性地开展社会教育活动，使博物馆的文化资源更广泛地惠及普通民众，使博物馆成为其终身学习的场所。这就要求博物馆在加强讲解团队建设，提升对馆藏文物和陈列展览阐释水平的同时，延伸出对地域性文化知识的传播，承担起对社会大众进行通识教育的社会责任，进而改变对普通大众社教工作相对缺乏的现象。

二、博物馆社会教育的延伸
——对地域性文化知识的传播

博物馆对地域性文化知识的传播是在对馆藏文物和陈列展览内容进行科学阐释的基础上的进一步延伸，也是博物馆社会教育活动的第二重内涵。这是因为任何一个博物馆，无论是国际知名博物馆，还是国家级、地方性的博物馆，都无法涵盖全部人类文明的历史和人类文化的成果。任何博物馆，无论藏品多么丰富，展示手段多么先进，服务方式多么全面，都必然受到地域性文化特征的限制和规范。

一般来说，博物馆的整体规划和展陈设计都会从时间和空间两个维度进行综合考量。时间概念也即历史性是博物馆规划设计的普遍性视角，可以说任何一家博物馆几乎都从史前文化、石器时代讲起，自古及今，但没有哪一家博物馆能够涵盖所有的人类文化。相对于历史性的时间概念而言，地域性表征的是一个文化的空间概念，是博物馆文化传播的基本特征。正是地域性的文化传统培育和造就了博物馆所在地的文物藏品，决定了陈列展览的基本内容，并在此基础上形成了反映文物特征，继而反映地域性文化特色的社会教育活动。

如果对博物馆所在地的文化传统、文明形态和生活方式没有深刻的探讨、研究、理解和领悟，就无法挖掘文物藏品和展陈背后的历史意涵和文化脉络，也就无法在展陈或社会教育项目中使其更好地呈现出来。可见，地域性文化知识对博物馆的存在具有重要的意义，对地域性文化知识的传播理应包含在博物馆社会教育的范畴中。这就必然要求博物馆社会教育活动从整体性和系统性角度进行教育项目的选择开发、教育资源库的建设、课程教材的设置和多样化教育形式的探索。

从系统性和整体性角度来看，博物馆的社会教育活动应积极融入当地文化研究活动中，与所在地的学术研究机构保持交流、合作、共享的关系，积极地吸收所在地文化研究成果，并将其运用到展陈和社教活动中；同时走出博物馆建筑空间，走向社区、社会，合作开展相关主题的文化传播活动，通过多样化的途径，使那些无法进入博物馆的普通民众能够分享博物馆社会教育的成果。就目前博物馆开展的社会教育活动来看，大多还是在博物馆内，基于馆藏文物和陈列展览进行的常规活动居多，跨界方面以进学校，特别是进中小学课堂的活动较多，但进社区或其他领域面向普通大众和社区民众开展的文化教育活动则相对匮乏，这应该成为博物馆拓展社会教育活动的基本方向和致力点。

三、博物馆社会教育的趋势
——对通识教育的参与和开展

博物馆的社会教育活动还应该包含第三个层面的内涵，那就是参与和开展通识教育。就普遍的认知而言，通识教育的出现是为了应对现代社会学科分化造成的人才专业化进而片面化发展的社会现象，通识教育是由国际上众多知名高校和教育学者倡导的一种全面的人才培育方式。通识教育的目的是培养全能型人才，特别是针对近现代以来自然科学强势发展与科技理性滥觞流溢对人文、社会、历史等文化学科造成的挤压和偏废状况，强调人文常识的重要性，注重在职业技能之外塑造更加健全的人格和灵魂。在这一理念的引导下，很多国际知名学校都开设了可供学生自由选择的通识教育课程。近年来，通识教育的理念和重要意义被我国教育界逐渐熟悉和认可，其教育模式也得到了广泛的采用和推广。通识教育的内容除基本的人文、社会、历史学科等文化知识之外，还蕴含着世界观、价值观、人生观的培育，以及在此基础上进行的美育和生命教育。通识教育与当下我国社会发展和文化发展的主题相结合，必然包含核心价值观的宣导、公民基本素质的培养、公共领域意识的塑造、社会道德水准的提升和健全人格的培养，以及对自然、对他人和对自我生命的尊重、珍爱和敬畏等基本内容。显然，通识教育并非学校教育的专利，而是任何社会教育机构都应该有意识地承担的社会责任，博物馆先天的资源优势决定了其在通识教育领域不可或缺的功能和地位。

如果说对馆藏文物、陈列展览的阐释和对地域性文化知识的传播是博物馆社会教育活动在知识论层面的努力和体现的话，那么参与和开展通识教育则更多地在价值论层面体现了博物馆社会教育的目的和旨趣。任何社会教育活动的目的都无法把价值观的培育置之度外，作为社会公共文化教育核心机构的博物馆更是如此。这是衡量博物馆作为公共文化服务机构之社会功能的基本尺度，也是博物馆为我国文化事业的繁荣发展应尽的责任。博物馆通过具体的、实物性的陈列展览和丰富多彩的藏品展示，很容易让观众和教育对象身临其境，进而对自然、人类、社会以及自身所处的生活情境有更加深入的理解和体会，提高其对现实社会生活中矛盾的化解能力和对公共规则的遵守程度。

特别是在公共道德和公民意识的培育方面，博物馆作为公共文化服务机构具有得天独厚的优势。例如，针对一些观众在参观过程中大声喧哗、随意触摸文物、乱写乱画、未经允许拍摄文物、乱扔果皮纸屑等不文明行为，博物馆一方面应制订和完善参观公约，创设情境因势利导，规范和教育参观对象，使其形成遵守公共规则、文明礼让的基本公德；另一方面，应结合自身的资源优势深度挖掘传统文化的精华，形成独具特色的博物馆文化，并对这些优秀文化进行普及和宣导，使走入其中的观众受到内在的启发和规范。这既是博物馆自身发展不容忽视的环节，又是博物馆社会教育应该包含的基本内容。此外，博物馆在爱国主义教育、生态教育和生命教育领域也是大有所为。博物馆可以结合所在地文化开展形式多样的社会教育活动，培养观众的爱国情操，增强观众尊敬自然、热爱生存家园的生态意识。生命教育则强调在珍惜自我生命的前提下，推己及人，尊重他者的生命。

从表层来看，通识教育的这几个层面和博物馆的文物藏品、陈列展览并无直观联系，但从博物馆的未来发展趋势和社会功能来看，博物馆参与和开展通识教育既有其必要性,又具有一定的可行性。当下很多博物馆被相关机构挂上了诸如社会主义教育基地、爱国主义教育基地、文化交流基地等牌匾和名称,实质就是在为通识教育贡献一己之力。但就整体而言,这些教育基地的活动并未被提升到通识教育的层面来思考,也未能被看作通识教育的重要内容而加以重视,从而也未能被纳入博物馆社会教育整体性和系统性的长远规划中。

四、结 语

教育包含"教"和"育"两个层面,"教"在于知识层面从无到有的告知和了解,"育"则强调价值层面对人格、情感、意志、品德、审美水平和生存能力的全面培养。教育的对象不只是学生群体,而是全体社会成员;教育的主体也不只是学校,还包括一切具有教育功能和使命的社会文化服务机构。无疑,对于那些无法重返校园接受教育的社会大众,博物馆的教育项目和活动为其继续接受教育提供了可能的场域、空间和途径。

就博物馆社会教育的三重内涵而言,对文物藏品和陈列展览的阐释,特别是讲解团队的建设有待进一步完善和提升,对地域性文化知识的传播有待进一步深化推广,而对通识教育的参与和开展则完全是一个全新的视角和领域。即便现有的一些社会教育活动涉及到其中的一些基本内容,但对博物馆在整个通识教育领域的地位和作用,以及如何从整体性维度将通识教育的主题和博物馆的社教活动结合起来等问题,都有待同行进一步交流探讨和反思研究。本文对博物馆社会教育三重内涵及其层次性和关联性的探讨,旨在抛砖引玉,求教于博物馆同人,进一步促进博物馆科学合理的、长远的项目规划和方案设计,进而推动博物馆社会教育的纵深发展,构建博物馆在国民社会教育体系中的重要地位。

浅谈博物馆教育职能的
重要性及有效实现

郭敏珉

（中国湿地博物馆）

【摘　要】2015 年 3 月 20 日,国家正式施行《博物馆条例》(以下简称《条例》),这是我国博物馆行业第一个全国性法规文件,对将我国博物馆事业发展纳入法治轨道具有重要意义。《条例》第一章"总则"写明:"本条例所称博物馆,是指以教育、研究和欣赏为目的,收藏、保护并向公众展示人类活动和自然环境的见证物,经登记管理机关依法登记的非营利组织。"对比 2008 年颁布的征求意见稿,过去的"研究、教育和欣赏"调整成了现在的"教育、研究和欣赏",博物馆"教育"目的被摆在了首要的位置,其重要性显而易见。

【关键词】教育职能　馆校互动　长效教育机制

众所周知,博物馆的三大职能分别是收藏、研究和教育。可是实际上教育职能往往被忽视。社会公众一想到博物馆,首先想到的就是一个收藏文物的机构,一个科研场所。博物馆毫无疑问是重要的收藏机构和科研场所,但更为重要的是,博物馆是一个向所有人开放的文化机构,博物馆开展的多种多样的教育活动,是帮助人们去体验、发现、欣赏、深入了解自然和文化。在这个耳濡目染的过程中,人们的认识甚至价值观会发生某种改变,最终转化为他们个人成长和社会进步的积极因素。这就是博物馆教育职能的最终体现。而如何有效实现和深化博物馆教育职能,使博物馆教育更好地为教育这一千秋事业服务,就是我们博物馆需要努力的方向。

一、博物馆教育职能的重要性

1974年,国际博物馆协会第十一届会议通过的协会章程第三条规定:博物馆是一个不追求营利、为社会和社会发展服务的公开的永久性机构,它把收集、保存、研究有关人类及其环境见证物当作自己的基本职责,以便展出,公之于众,提供学习、教育、欣赏的机会。而第十六届会议又修改博物馆的定义为:博物馆是为社会发展服务的非营利的永久机构,并向大众开放。它为研究、教育、欣赏之目的征集、保护、研究和传播并展示人类及人类环境的见证物。这一定义与前述对比的变化就是它明确提出"为研究、教育、欣赏之目的",更加凸显了三大目的重要位置。一切征集、保护、研究、传播和展示都是为了更深入透彻地研究、更全面广泛地教育和更细致多样地欣赏。而我国最新颁布的《博物馆条例》在博物馆国际化道路的不断探索之下,结合我国博物馆的特性,把过去的"研究、教育和欣赏"调整成了现在的"教育、研究和欣赏"。百年大计,教育为本。教育是立国之本,是百年基石,是民族兴旺的标志。博物馆教育作为社会教育的一种,必须成为一股强有力的推力。同时,博物馆教育职能势必成为当代博物馆的首要职能。

我国最早的博物馆是1905年张謇建立的南通博物苑,其宗旨是"设为庠序学校以教,多识鸟兽草木之名"。如此看来,中国最早的博物馆已经把博物馆作为一个社会大众的学习型场所,辅助学校进行教育。在这个场所里,社会公众可以通过看到的实物普及科学知识,在提高对科学的兴趣的同时获得书本外的知识,直观而又有效。这个时候的博物馆强调科学性、知识性,同时也强调了最终的教育性。科学和知识最终转化为教育,这才是博物馆的开办目的和精髓所在。

事实上,随着全球信息化和世界博物馆事业的日益发展,现在许多国家的博物馆无论规模大小、档次高低都已充分重视教育的职能,逐渐把以收藏为本的理念转换为以人为本,一切工作通常都是围绕着观众及社会教育来进行。为了吸引社会大众参观博物馆并从中收获知识、受到教育,很多博物馆以自己博物馆的藏品、展览和图书馆等资源为基础,通过改进展览、提高服务等手段,组织各种相关的活动,采取更加积极主动的方式吸引观众,引导公众来博物馆参观,并为公众提供各种教育性与娱乐性的文化服务项目。另一方面,博物馆的教育受众对象最为广泛,几乎涵盖了所有社会阶层和社会成员。从儿童到老人,从一般群众到特殊人群,从国内游客到国际友人,大家都可以自由地进出各个展厅,通过参与各种教育活动来汲取文化知识。博物馆免费开放或低价开放这个低门槛更是让博物馆近年来成为社会大众节假日出行的主要场所,博物馆的教育功能也变得更加突出。这也从侧面说明,社会大众在如今物质文明得到一定满足的基础上开始注重自己的精神文明建设,在大家的认知里,博物馆就是一个可以帮助自己学习各种知识和提高自身文化素养的理想型场所。事实上,现在国家提倡终身教育和学习型社会的建设,博物馆作为各种历史、自然和科普知识的载体,已然成为一个国民终身教育的场所。所以,博物馆教育以其天然的资源优势和政府逐渐重视的焦点优势,在社会教育中占了举足轻重的地位。作为政府公共文化体系的重要组成部分,现阶段博物馆要致力于并最大限度地有效实现博物馆教育职能,强化博物馆教育功能。

二、如何与时俱进,有效实现博物馆教育职能

(一)深化馆校互动,建立长效教育机制

学校教育与博物馆教育应着重加强联系、相辅相成,为提高学生的素质教育携手并肩、共同努力。青少年学生可以说已逐渐成为博物馆社会教育最重要的服务对象,因此要通过建立博物馆和学校的长效教育机制,加强馆校互动等方式来加强馆校之间的联系。建立长效的教育机制之后,馆校之间应高度重视,密切联系,加强信息沟通。年初馆校相关部门就应互相配合甚至共商研讨,如何根据青少年学生本年的课程和教材需要,或者有针对性地丰富中小学生某一领域的科普知识,量身设计教育活动项目,不再局限于每年一次的走流程式进馆参观,虽然"走进来"了,但是"带出去"的成效甚微。

馆校互动形式丰富多彩,更受老师和学生的欢迎,取得的效果也更为显著。以中国湿地博物馆为例,近几年来馆校互动全面推进,和学校密切联系,先后举办了绿色教育进课堂活动、绿色燎原科普夏令营活动、小候鸟暑期夏令营活动、

手工材料包进课堂活动、期末考试搬进博物馆活动等,同时还和多所大型院校共建了社会实践教育基地。

自国家文物局和教育部发布《关于加强文教结合、完善博物馆青少年教育功能的指导意见》后,开发教育项目已成为馆校互动的最新风向标。以2016年上海科技馆的馆校合作项目为例,馆校双方围绕"开发一门博物馆课程、培训一批科技创新教师、培养一群学习型学生"三个方面开展广泛深入的合作。老师们成为博物馆资源的主动使用者,把博物馆的资源有机嵌入学校校本课程中去。"馆校合作"项目并没有直接向青少年传授知识,而是让其以"青少年科学诠释者"或者"实习研究员"的身份,根据兴趣自主选择主题、查找资料、研究分析、形成结论,最后自己把成果展现给大家,而馆方给予的是方法和过程中的必要指导与支撑。这对青少年学生创新意识的培养和学习能力的提升有很大的帮助,比之传统简单的参观更能达到传授知识的效果,也更接近素质教育的本质。

建立长效教育机制,不管是送科普活动和民俗活动进课堂,还是开发教育项目,都是博物馆和学校双方对以人为本的教育态度的重新审视和端正,对博物馆教育职能的进一步认识和提高。博物馆要成为学生进行思想品德、社会实践教育的第二课堂,需要博物馆和学校共同努力。

(二)重视专题展览、配套科普活动和专业讲解,增强服务意识

博物馆的教育包括许多方面,主要是为社会公众提高文化素养服务,为学生的校外教育服务,为成人的终身教育服务,为科学研究服务,为旅游观光和文化休闲服务。所以,发挥博物馆的教育职能,核心就是要增强服务意识。

陈列展览是博物馆向社会奉献的最重要的精神文化产品,是博物馆开展社会教育和公共服务,实现社会职能的主要载体与手段。而专题展览,作为对基本陈列展览的补充、拓展与深化,更具灵活性和针对性。每个博物馆可以结合自己的属性特点,引进有地域性或者文化特色的专题展览,这样可以为博物馆提升人气,改变社会大众对博物馆一成不变的基本陈列展览的印象,同时还可以加强馆与馆之间的文化交流和业务往来,提高博物馆的业务能力和开阔博物馆的视野。专题展览具有较强的时效性,不能仅局限于博物馆自身的展陈和分类,还应结合时事举办展览,从而增强博物馆的时代感和历史责任感,展现新时

代博物馆综合性知识包罗万象的新面孔。

科普活动具有广泛性，可以依托文化和民俗节日举办，可以针对青少年寒暑期夏令营举办，也可以根据时下某个热点主题策划举办，但是举办专题展览的同时配套策划相应科普活动，实际上更能综合性地体现博物馆的教育职能。专题展览能直观、系统、有效地向社会大众传递知识，而利用博物馆和专题展览的资源并进行延伸，设计教育性强的科普活动不仅能够吸引游客的注意，更是对专题展览知识的巩固和深化。社会大众来博物馆学习知识，如果说专题展览和专业讲解是对知识的"学得"的话，那配套的科普活动无疑就是对知识的"习得"。在"学得"中获取直观的知识，在"习得"中理解和巩固知识，这才是教育职能的最终体现。

讲解工作是博物馆的一个重要窗口，是连接展览与观众的桥梁。通过讲解，观众不仅了解了展览的基本内容，获得知识，而且还得到精神上美的享受。一个博物馆必须配备专业的讲解人员，才能为社会大众梳理博物馆综合性知识的脉络。而讲解工作的开展在专题展览中往往可能被忽视，可能受限于诸多因素，但是实际上，不仅要让社会大众在参观专题展览的过程中有视觉上的认知或者美的享受，还应该让专题展览中直白的文字解说以更生动形象的姿态印刻在社会大众的脑海里。声音上的娓娓道来往往要比冰冷直白的展板更具有诱惑力，更容易让参观者记住或引起共鸣。

无论是专题展览、科普活动还是专业讲解，都是为社会大众参观和探索知识而服务的。社会大众能"走进来"，并且"带出去"，是所有博物馆共同追求的教育目标。

（三）与社会力量结合，实现博物馆教育资源的社会共享

博物馆承载着历史、文化、科技的精华，其社会教育功能的发挥，一方面需要博物馆自身的挖掘和创新，另一方面也离不开社会力量的大力支持。

志愿者是博物馆开展社会教育活动的主要力量，现在很多博物馆与多所大学共建教育基地，签订共建协议，给大学生们提供社会实践的场地。志愿者也不局限于高校学生，而是涵盖了很多有此意向的中小学生、退休人员及一些在职市民等。博物馆为志愿者提供了广阔的平台，志愿者在这个平台上学习知识、增长智慧，提高自身的语言表达能力，充分体现了自我价值。博物馆则通过

吸收志愿者达到了利用这批社会力量开展工作,让博物馆的展品和希望了解展品文化信息的人们靠得更近的目的。志愿者服务进一步缩短了博物馆和观众的距离,增强了观众的亲切感,这就使博物馆的教育职能更外在化、更丰富、更有层次。

在信息化时代,博物馆要吸引大家来参观,给大家提供学习的机会,绝对少不了新闻媒体等相关宣传力量。这也是一股强有力的力量。博物馆的展览布置和科普活动开展,都可以借助新闻媒体宣传,报纸、电视、微信、微博都可以成为博物馆对外的窗口,让社会大众获知信息,前来参观。同时也可以积极与各大媒体合作开辟专题节目或专栏,制作专题片,开展持续性主题活动在报纸上连载。媒体的力量是巨大的,和媒体合作宣传有助于提高博物馆的开放度,提高社会知名度,有效盘活博物馆资源。

除此之外,博物馆还可以加强和企事业单位、党政机关团体、社区等的合作,利用各种渠道传播知识,多途径地实现其教育职能。

三、实现博物馆教育职能的一点意见

博物馆作为全民公益性单位,具有包容性和广泛性,不同职业、不同年龄、不同阶层、不同国家的人都可以进来参观和学习。事实上,博物馆策划的一些科普教育活动,基本针对的都是青少年,而针对一些低龄段儿童和老年人的活动相对较少。

许多博物馆的馆校共建项目对象大多都是中小学校或者大学院校,和幼儿园等相关机构联合开展的活动却很少。这可能是由于在组织和教材设计方面针对低幼儿童比中小学生有更大的难度。面向低幼儿童的活动必须有更多的趣味性才能吸引这群小孩的注意,所以,如何把博物馆的知识融入游戏中去,融入故事中去,融入低幼儿童感兴趣的教育活动中去,是博物馆教育活动设计者需要考虑的事情。博物馆可以和幼儿园教育工作者一起研发趣味性比较强的游戏或者课程,把博物馆的知识带进幼儿园,让幼儿园的孩子从小就明白博物馆也是一个让小朋友学知识和本领的地方。同时还可以在节假日设计一些亲子活动,邀请低幼儿童和家长参加,活动中也要向家长传递一种理念,那就是,博物馆教育作为一种社会教育是素质教育的体现,也要和学校教育一样得到一定的重视。低龄段儿童是祖国最小的花朵,可塑性很强,这一年龄也是培养良好习惯的最佳时机。博物馆教育必须从他们抓起,使他们从小对博物馆产生浓厚的兴趣,在博物馆里"泡"大。有了这个习惯,学习方式和能力会很不一样,他们会知道自己寻找资源,主动积极地去学习和收获知识,成为一个终身学习者。

在老龄化的社会背景下,博物馆教育工作者在重视未成年人教育的同时也应当把视线投向老年群体。老年人不仅需要福利待遇和生活上的照顾,而且需要不同层次、多种形式的精神文化生活。博物馆应该开展一些适合老年人的讲座活动等,例如养生保健之类他们感兴趣的话题的讲座,让他们走出社区和家庭,走进博物馆,丰富他们的精神生活。博物馆教育虽然具有广泛性,但针对不同情形应该因材施教、因时制宜,只有这样才能更好地实现教育职能。

为有效实现博物馆教育职能,博物馆需要实现从传统的"物"到新时代要求的"人",从传统的"进来参观"到现在的"送出去活动和展览"的观念转变,大胆创新,重新科学定位博物馆的使命,深化博物馆的教育职能,主动融入社会、服务社会,努力把博物馆建设成为社会主义大学校,为建设社会主义文化强国添砖加瓦。

参考文献

[1] 徐宁.设为庠序学校以教,多识鸟兽草木之名——以南通博物苑为例论博物馆儿童教育的开展[J].博物馆研究,2015(2):41-47.

[2] 王文娟.浅谈博物馆社会教育功能及发展问题[G]//山西博物院学术文集(2011 年).太原:山西人民出版社,2011.

[3] 丁福利.论我国博物馆教育发展的新趋势[J].中国博物馆,2013(3):50-56.

[4] 黄水英.论博物馆教育推广意义与建议[J].科技致富向导,2014(6):124,167.

浅谈二维码技术
在博物馆教育中的运用
——以中国湿地博物馆为例

钱婕靓

（中国湿地博物馆）

【摘　要】二维码（2-dimensional bar code）用某种特定的几何图形按一定规律在平面（二维方向上）分布的黑白相间的图形记录数据符号信息。二维码技术已广泛用于购物、名片、户外广告、杂志等领域。博物馆作为一个教育输出的重要窗口，如何利用好这个时代产物，拓展博物馆教育工作，来更好地发挥宣教功能，是本文思考的重点。文章通过博物馆教育的重要性及面临的困境、二维码技术的运用特点、中国湿地博物馆二维码运用设计实践、二维码技术在博物馆运用的畅想等四个方面阐述二维码技术在博物馆教育中运用的可行性和必要性。

【关键词】二维码　博物馆教育　运用

一、前言

博物馆是一个为社会及其发展服务的、非营利的常设机构，向公众开放，为研究、教育、欣赏之目的征集、保护、研究、传播、展示人类及人类环境的有形遗产和无形遗产。博物馆把教育职能一直放在比较重要的位置，博物馆教育应该"以人为本"也更多地被提了出来。同时越来越多的博物馆实行免费开放，也意味着博物馆教育对象更为广泛和多样化，这给博物馆的教育工作带来了很大的挑战。二维码技术是时下新型的一种云端技术，便携、后台数据量大是它的最大特点。本文希望通过对二维码技术在中国湿地博物馆中的实际运用进行分析,探索二维码技术在博物馆教育中运用的可能性,为突破博物馆教育的时空限制,增强博物馆教育与观众互动提供参考。

二、中国湿地博物馆介绍

中国湿地博物馆位于杭州西溪国家湿地公园东南部,占地面积 20200 平方米,于 2009 年 11 月正式对外开放,是我国唯一一座由国家林业局批准兴建的,以湿地为主题,集收藏、研究、展示、教育、宣传、娱乐功能于一体的大众化国家级专业博物馆。展示面积 7800 平方米,共有序厅、湿地与人类厅、中国湿地厅、西溪湿地厅四个常设展厅。展示区域通过复原场景,结合多媒体技术以及湿地文物展品、动植物标本等向观众普及湿地科学知识,展示世界丰富多彩的湿地及其生态系统功能,探索中国典型湿地的奥秘,剖析湿地面临的问题和威胁,介绍全球湿地保护行动。

三、博物馆教育的重要性及面临的困境

要认识博物馆教育的重要性,首先要了解什么是博物馆教育。对于"博物馆教育"的定义,有很多种说法。比较具有代表性的是以下三种:一是国际博物馆协会(ICOM)认为,博物馆应该抓住一切机会发展其作为教育资源为各阶层人群服务的职能。博物馆的一个重要职能就是吸引更多来自各个阶层、不同社区、地区以及团体的目标观众,并应该为一般社区、特殊人群及团体提供机会,支持其特殊的目标和政策。二是美国首都博物馆的托马斯•福特(Thomas Ford)认为,"所谓的博物馆教育就是让来博物馆的人自由参观、比较、提出问题、自己学习,而博物馆按照每个来馆者的需要、兴趣,为其选择最适合的教育服务"。三是格林黑尔(Hooper Greenhill,英国博物馆学家)认为,博物馆教育的一般性定义可以从两方面来理解:一方面是指,把博物馆本身视为一个教育机构;另一方面则是指有清楚、明确的教育目标,特别是有计划、有组织的活动。博物馆在很长一段时间里是"以物为本",重视和追求研究、收藏功能,忽视或者

弱化了自身的公众教育功能。而 2007 年的《国际博物馆协会章程》明确了博物馆的教育功能:博物馆"为研究、教育、欣赏之目的征集、保护、研究、传播、展示人类及人类环境的有形遗产及无形遗产"。博物馆进行收藏、研究在一定程度上也是为进行公众教育打基础。博物馆教育应该"以人为本"更多地被提出来,并运用其中。

国际上,博物馆的教育工作普遍受到重视,同时得到公众的认同。很多国家将博物馆教育和学校教育紧密地联系在一起,一些学校课程就是在博物馆里进行的。同时博物馆会针对教师设置相关的培训课程,为学校准备教学资料,等等。可见,博物馆教育被视为国民教育的重要组成部分,有着并不亚于学校教育的重要性。

在国内,一些博物馆所在城市在博物馆教育实践中注意与学校教育的结合,致力于将博物馆发展为青少年学习的第二课堂,比如中国湿地博物馆所在的城市——杭州。博物馆教育工作的质量也成为国家博物馆定级评估的重要标准,被列入评估准则。此外,博物馆界很多学者也呼吁将博物馆教育纳入国民教育体系中。2005 年《国务院关于加强文化遗产保护的通知》明确提出:教育部门要将优秀文化遗产内容和文化遗产保护知识纳入教学计划,编入教材,组织参观学习活动,激发青少年热爱祖国优秀传统文化的热情。

博物馆教育面临着如下困境。第一,虽然博物馆教育的大方向已经确立,但在实际过程中仍面临一些困境,比如教育形式单一,缺乏针对性。长期以来,我国实现博物馆社会教育与服务的方式主要有:陈列讲解,辅导教学,举办讲座,开展幻灯、录像、电影等电化教育,举办流动的专题展览,编印展览、活动画册和导游手册,编印馆藏品各种专题目录,出版藏品研究和有关学科的专著,出版本馆学报或期刊,等等。大多数博物馆的教育方式是比较单一,没有针对性的。从国外博物馆事业发达的国家的成功实践经验来看,博物馆教育的方式应该多样化,并且能够针对不同特征、不同年龄、拥有不同需求的群体,设计不同的教育体验活动。特别是在免费开放之后,博物馆成为服务全体社会公众的社会文化教育机构,这就给博物馆的教育工作带来了很大的挑战。第二,被动式的教育方式为主,缺乏互动性。大多数博物馆对于陈列展览的理解还停留在"消极展示"和"单向灌输"的层面上,缺少与观众的互动。然而,博物馆在教育过程中扮演的应该是一个引导者、服务者的角色,接受教育的公众才应该是教育中的主体。博物馆的教育应该更多地考虑到公众的参与和互动。第三,由于受空间和时间的限制,缺乏广泛性和灵活性。一些人认为,博物馆的教育活动是指博物馆里举办的展览陈列、专家讲座和活动教室里的活动等。实际上,博物馆教育不单单指博物馆里的教育活动,而应该跨越地域限制和时间约束,将教育活动深入公众的生活。

四、二维码技术的运用特点

近年来,移动互联网的发展、智能手机的普及和二维码的广泛运用,给公众带来了新颖独特的体验,也给解决博物馆教育工作面临的困境带来了很大的启示。在条形码、二维码充斥的年代,通过手机等移动终端可以随时随地获取后台信息,并可与他人进行分享。

二维码(2-dimensional bar code)用某种特定的几何图形按一定规律在平面(二维方向上)分布的黑白相间的图形记录数据符号信息。二维码是手机运用中最常用的一种介质,具有以下特点:

一是信息容量大。由于能在水平和垂直两个方向上承载信息,二维码能包含的信息容量得到了很大的提升。一般来讲,一个一维码能容纳 20 个字符,而一个二维码能够容纳的字符数在千个以上,大大超出了一维码所能容纳的字符。有的类型的二维码还带有字节压缩功能,比如 PDF417,这样就进一步增大了二维码的信息密度。

二是信息具有独立性。二维码可以记录大量的文字和图片信息,其本身就是一个小型数据库。因此,如果博物馆用二维码对展品、标本进行管理,不仅能对出入库进行数量管理,还可以将展品介绍信息录入其中。如此一来,观众想了解某种展品,只需扫描一下二维码,就能提取相关的唯一信息。

三是识读可靠性高。二维码拥有十分强大的纠错功能,即使被局部损毁、遮挡,仍然能够将储存其中的信息完整解码。二维码使用错误纠正码技术,可将磨碎率高达 50% 的条码正常译读,从而能够减少因保管不当造成的数据丢失。二维码的可靠性还表现在,其译码的准确性要高于普通条码。据统计,二维码的译码错误率不超过千万分之一,而普通条码的误码率约为百万分之二,可见二维码的可靠性要远远高于普通条码。有的二维码还带有全向识别功能,即可以从 360 度任意方向上扫描条码获得信息,使用更加方便。

四是可以引入加密机制。这是二维码的又一优点,这使得二维码具有强大的保密性和防伪性。我们在用二维码表示特定的信息时,可以先用一定的加密算法将原始信息转化为加密信息,然后生成二维码;在识别二维码时,也必须通过预先设置的加密算法,才可以将信息还原。而且,加密二维码一旦生成就不能进行数据上的更改,因此可以有效防止各种伪造。

五、中国湿地博物馆二维码运用设计实践

中国湿地博物馆是全国科普教育基地、浙江省科普教育基地、杭州市第二课堂优秀单位,在科普教育方面一直走在同行前列。即使是这样的场馆,在教育推广上依然存在以下问题。

(1)展厅展牌空间有限,无法放下更具体的内容。比如,中国湿地厅标本墙(图 1)上陈列有 60 余种湿地动物标本(图 2),每一种动物下方仅有一块简易的说明牌,只能看到动物名字或者科目,无法进行详细了解。

图 1　中国湿地博物馆中国湿地厅标本墙

图 2　中国湿地博物馆扬子鳄标本

（2）工作人员有限，无法为访客详细讲解。中国湿地博物馆现有专职讲解员 4 人，场馆 7 年的平均游客接待量在 120 万人次/年。显而易见，做不到对访客进行详细讲解，加之讲解为收费项目，不是所有的观众都愿意付费听解说。

（3）网站或公众号科普知识传播的效果有限。网站和公众号只针对已经关注了博物馆网站或微信公众号的观众，并且操作上比较烦琐，需要通过路径找寻有效信息，不够直接。

（4）导览语音设备投入成本大，维护成本高。2009 年开馆之际，中国湿地博物馆曾投资安装过语音导览设备，但在实际使用中发现：一是绝大多数游客烦于支付押金或抵押有效证件进行使用；二是语音导览设备的维护成本比较高；三是 7 年使用下来大部分设备已经损坏不可使用，这里面有因游客使用造成的损坏，也有年久设备自然陈旧的原因。

目前，中国湿地博物馆在中国湿地厅的标本墙、标本展柜及中庭长廊的鸟类摄影画板上做试点，增加二维码设置（图 3）。以鸟类摄影画板为例，观众如想知道画板上的鸟是什么科、什么目、生长在什么地方等等信息，只需要用带二维码扫描功能的手机扫一扫，手机上就能出现相关信息。使用二维码，观众能以最便捷的方式，获得最想了解的信息。同时，举办方也能通过观众的点击量来

分析,办什么样的展览是大多数观众喜欢的、可以接受的,什么类型的展品最能吸引观众,等等。(图4、5)

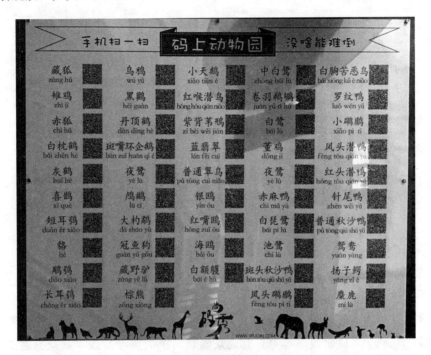

图3　中国湿地博物馆码上动物园

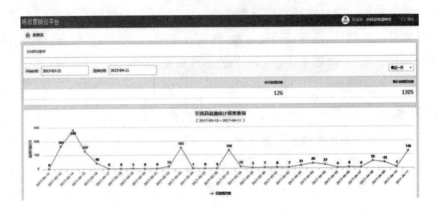

图4　点击量分析一

序号	编号ID	批次编号	产品编码	产品名称	产品生产日期	产品说期	追溯总次数	操作
1	042001010170215837649	NAVI000180	1489547848589	红嘴鸥	2017-03-15	红嘴鸥	18	详情
2	042001010170215548312	NAVI000179	1489546849577	鲺鲅鲤	2017-03-15	鲺鲅鲤	41	详情
3	042001010170215546728	NAVI000178	1489546664948	锯缘青蟹	2017-03-15	锯缘青蟹	5	详情
4	042001010170213045862	NAVI000092	1489383142953	白枕鹤	2017-03-13	白枕鹤	8	详情
5	042001010170214365784	NAVI000177	1489472781187	尖海龙	2017-03-14	尖海龙	14	详情
6	042001010170214517890	NAVI000176	1489472702785	海马	2017-03-14	海马	6	详情
7	042001010170214240815	NAVI000175	1489472664569	泥蚶	2017-03-14	泥蚶	12	详情
8	042001010170214016238	NAVI000174	1489472626609	弧边招潮蟹	2017-03-14	弧边招潮蟹	10	详情
9	042001010170214854790	NAVI000173	1489472592248	鲈鱼	2017-03-14	鲈鱼	17	详情
10	042001010170214730186	NAVI000172	1489472554286	僧帽牡蛎	2017-03-14	僧帽牡蛎	7	详情
11	042001010170214048916	NAVI000171	1489472519766	弹涂鱼	2017-03-14	弹涂鱼	10	详情

图5　点击量分析二

六、二维码技术在博物馆运用的畅想

二维码技术在博物馆不仅只是做一个强大的标本展品说明,它还具有导览、营销等功能。比如可用于场馆导览。根据场馆特色,可设计青少年科普游览线路、专家学者科研线路等等针对观众参观需求的指导游线。观众只需要扫一扫入口的推荐线路二维码,就能用最短的时间,了解最多自己想知道的内容。再比如营销功能。观众在博物馆看到蝴蝶标本时,通过二维码不仅可以了解到此类蝴蝶的生长信息,还可以通过链接,购买介绍蝴蝶标本制作的书,购买与蝴蝶相关的纪念品,了解哪里正在办相关的蝴蝶展览,等等。

参考文献

[1] 郑奕.博物馆教育活动研究——观众参观博物馆前、中、后三阶段教育活动的规划与实施[D].上海:复旦大学,2012.

[2] 徐俐媛.智能手机应用与博物馆教育研究——兼谈广东革命历史博物馆手机应用[D].长春:吉林大学,2013.

[3] 张曦.英国博物馆教育的初步研究[D].长春:吉林大学,2008.

[4] 陆芳芳.美国博物馆教育研究[D].杭州:浙江大学,2013.

[5] 李晓莹.二维码在我国传媒产业中的应用研究[D].南宁:广西大学,2013.

浅谈科普剧在科技馆中的作用

李　娜

（河北省科学技术馆）

【摘　要】科普教育旨在通过科学性、知识性、趣味性相结合的展览内容和互动参与的体验形式传播科学知识，因此寓教于乐应是科技馆发展的必然趋势，科普剧也应运而生并逐渐在国内盛行起来。在这里，科普剧的"演"，只是一种手段而不是最终目的，其最终目的是展示科学知识，彰显科学魅力。

【关键词】科普剧　寓教于乐　科学魅力

科技馆是面向公众弘扬科学精神、传播科学思想和科学方法的重要阵地，科技馆的展教工作作为一种有目的的科学传播，将对公众尤其是青少年科学素质的培养和提升起到非常重要的作用。就是这样一种责任，鼓励和鞭策我们科普教育工作者从新理念、新方法入手，在创意和理念方面实现突破、跨越和提升。

科普剧是近几年在科技馆事业中发展迅猛的一支生力军，通过"表演"展示科学的魅力，激发公众对科学知识的好奇心和探索欲。然而，要做到真正意义上的普及，需要科技馆人与社会各界给予更多的关注与扶持。本人结合在科技馆的工作中参与科普剧创作与表演的亲身经历，总结了一些经验教训，谈一些个人浅见。

一、科普剧的定义与特点

科普剧即科学互动表演剧,是现在国际上流行的一种全新而独特的科普表演形式。它将科普知识、科学实验等以富有魅力的舞台艺术表演形式展现出来,让观众们跟随剧中情节的发展有效互动,学习科学知识,感受科学魅力,激发他们对科学的兴趣。

近几年,科普演讲、科普报告等传统授教形式单一、内容较为枯燥,已经无法满足大众对科普知识多样化的需求;而科普剧则以其生动丰富的内容及多样化的趣味形式,对公众,尤其是活泼好动的儿童形成了很强的吸引力。

二、科普剧的编创

编创科普剧是个技术活,不仅在知识的储备上需要一定的积累,还要在表现形式、服装道具、灯光舞美、音乐上吸引大家的眼球,让舞台热闹起来。

(一)明确科普主题

主题是科普剧的灵魂,首先要明确主题,编写鲜明、生动、富有时代特征的内容,使人通过主题一下就能明确"科普之旅"的中心内容。其次,要有很强的吸引力,让人一看便产生浓厚的兴趣。

(二)具备传播科学知识与精神的内容

内容是为主题服务的,有了好的主题还必须有好的内容支撑,科普剧才能彰显活动意义。科普剧的展示主体是科技馆,因此活动的开展是科技馆功能的拓展,是科技馆教育的延伸,其内容也应符合此要求。

1.突出科学性和知识性

制作科普剧的目的就是传播科学知识和方法,启迪智慧,激发观众兴趣。那么,在确定好某一主题开始进行剧本创作的时候,其内容中涉及的科学知识、观点是否正确,是否得到过验证,这是编写内容时最应注意的问题,也就是说,所编写的科普剧内容要准确无误。每一个科学观点的佐证、每一个环节的展示都要体现出明确且正确的知识点,否则,表演再精彩,如果阐述的是一个伪科学,那就注定是一个失败、贻笑大方的表演。

2. 突出趣味性和互动性

科普剧的精彩之处就是它的趣味性和互动性,要把这两个元素自然地融合在剧情之中。怎么能够引起观众的兴趣,怎么能够使观众提出问题,这就要增加趣味性和互动性"吊足"观众胃口。如果剧情没有调动观众们的兴趣与想象,没能让其感到新鲜、独特,那么他们探究科普知识的欲望也会大打折扣。

3. 编创表演人员的精益求精

科普剧的剧本编创人员通常也是表演人员,也就是馆内的科普辅导员们。他们扮演各个角色的过程本身也是对科普剧本的再创作。参与表演的辅导员们,为了让观众们能在快乐中学到科学知识,通常在几个月前就需要开始查阅大量的相关资料、搜集题材、撰写剧本,并对每一个排演过程精细打磨、精益求精。从每一件科普道具的设计制作,到演出服装的装扮,再到现场走位、场景布置、台词对白等,都认真推敲,斟酌每一个细节,反复演练,力求以最严谨、最科学的态度将科普剧完美呈现。

三、科普剧的实际应用与意义

早在 2009 年,河北省科技馆工作人员就曾结合当时热议话题——"太阳系中九大行星中的冥王星被降级",首次尝试自编自演天文科普剧《美丽的太阳系》。此剧由三位辅导员进行角色扮演,运用通俗活泼的语言,并配以多媒体投影的演示方式将观众们"带进"了美丽的太阳系。观看的过程中,同学们不仅被憨厚的太阳公公和调皮的星儿妹妹逗得哈哈大笑,还知道了太阳的基本特征,比如太阳的表面温度、年龄、体积,同时了解到太阳系八大行星各自的基本特点,等等。最后一段八大行星的对口词将科普剧带入了高潮。生动形象的语言内容,惟妙惟肖的角色扮演,让孩子们仿佛进入了一个美丽的童话世界,太阳公公、星儿妹妹、地球哥哥、月亮姐姐,都成为孩子们的好老师、好朋友,带领孩子们一起去了解辽阔而神奇的太阳系,去认识太阳系中的八大行星,并熟悉它们的特点和运行规律。此剧还结合了河北省科技馆的标志性展项——磁悬浮地月演示仪,让孩子们更加直观、形象地了解了地球、月球的运行规律。

通过上演此科普剧我们发现,虽然天文知识抽象,但如果运用得当,用贴近孩子们特点的方式进行提问,就能勾起他们求知的欲望,促使孩子们积极地参与到科普剧中来,从而调动他们学习的热情和主动性。

科普剧《PM2.5——谁才是凶手?》,针对雾霾严重的现状,为观众讲述产生雾霾的真正原因,以及如何对抗雾霾。此剧一经上演,就得到了观众的一致好评和喜爱。剧中讲述装扮成保安的警察"口罩"不断地收集"霾小子"的犯罪证据,在准备将其抓捕归案时,事情突然出现逆转,发现人类才是雾霾天气的罪魁祸首,在人类的忏悔中,真相逐渐清晰。"霾小子"作为剧中的主角,时而不可一世,时而诙谐可笑,时而进行威胁,时而充满了委屈,在辅导员的精彩演绎下,观众的心随着剧情的发展跌宕起伏,哄堂大笑的同时也在思索着自己对这雾霾天的"奉献"。

鉴于科普剧近几年表演形式发展的多样化,河北省科技馆也首次尝试了将相声与天文科普知识相结合,创作出科普相声《来自星星的你》,使观众耳目一新。由本馆辅导员扮演的逗哏"都敏俊"教授,带来了朗朗上口的《四季认星歌》,教会大家如何在繁星满天的天空中找到各种星座;捧哏则提出天真无知的问题让听众思考从而引出知识点。整个表演诙谐幽默,叫好声此起彼伏,现场也变成了欢乐的海洋。观众们在开怀捧腹的同时,也学到了如何利用北斗星辨别方向和认清四季。

河北省科技馆科普表演剧、科学小实验和科普小讲堂自2008年推出以来,受到了广大小朋友和家长的热烈欢迎和广泛好评。每次演出,都场场爆满,孩子们非常喜欢,家长们也都纷纷表示,这种以生动有趣的方式向孩子们传播科学知识的形式非常好,可以让孩子们更加深刻地了解相关科学知识,还能够在回家以后,使用身边的物品自己做实验,来亲身体验科技的魅力,加深对科技知识的理解,提高学科学的兴趣,对开拓孩子们的思维有十分重要的意义。

四、结束语

中国自然科学博物馆协会徐善衍理事长曾说,科技馆要注重展教内容和形式的时代性,不断丰富、创新展教形式和手段。创新表现在理念、内容和形式手段上,而形式手段的创新是实现前两个创新的重要保证。

舞台上的科普剧,科学知识是一粒粒果实,艺术方式是姿态各异的茎,一部成功的科普剧就像是等待采摘的果实,期待观众们去发现与采摘。在这里,我们普及科学知识,传播科学思想,弘扬科学精神,让大众玩有所得。让科普剧展现它特有的科学魅力,激发公众热爱科学、探索科学的热情,这也是我们所有科普工作者不断探索与追求的永恒目标。

参考文献

[1] 薛猛.浅谈科普剧可以提升科技馆的创新能力[J].科技致富向导,2011(35):322.

[2] 刘占兰.学前儿童科学教育[M].2版.北京:北京师范大学出版社,2008.

让博物馆活起来

——浅谈博物馆文创产品的开拓创新

孙洁玮

（中国湿地博物馆）

【摘　要】博物馆文创产品作为博物馆的重要组成部分，能提升博物馆的品牌形象，是博物馆进行经济创收的重要途径，更承载着宣传和弘扬博物馆文化的使命及满足消费者的精神文化需求的任务，开发、设计独具特色的文创产品对于博物馆的发展经营相当重要。

【关键词】博物馆　文创产品　旅游纪念品

一、引言

博物馆是非营利机构，集收藏、展示、研究、教育等功能于一体。过去的博物馆把藏品保管放在首位，研究放在第二位，宣传放在第三位，但随着几十年的逐步调整，国家对博物馆的职能次序也进行了一些调整，现在的博物馆将教育放在第一位，而数字技术展示、藏品的创意展示等都是教育的组成部分。因此，开发博物馆文创产品也是当今博物馆需要大力发展的内容。相比国内的博物馆，西方国家的博物馆文创产品开发较为完善，博物馆的周边商品琳琅满目，观众、游客们通过购买这些旅游纪念品，将"博物馆带回家"。

二、我国博物馆文创产品开发的探索与实践

博物馆文创产品作为博物馆的重要组成部分，是文化与商品的有机统一，是提升博物馆品牌形象的需要，是博物馆进行经济创收的重要途径，更承载着宣传和弘扬博物馆文化的使命及满足消费者的精神文化需求的任务，开发、设计独具特色的文创产品对于博物馆的发展经营相当重要。以下分别就台北"故宫博物院"、故宫博物院、中国湿地博物馆的文创产品开发与实践做分别讨论。

（一）走品牌之路

台北"故宫博物院"又称台北"故宫"、中山博物院，建造于 1962 年，占地总面积约 16 公顷，是中国大型综合性博物馆、台湾规模最大的博物馆，也是中国三大博物馆之一、研究古代中国艺术史和汉学的重镇。其建筑仿造中国传统宫殿，主体建筑共 4 层，白墙绿瓦，正院呈梅花形。院前广场上耸立五间六柱冲天式牌坊，整座建筑庄重典雅，富有民族特色。

台北"故宫"可以说是较早开展文创产业的博物馆之一，前任院长林曼丽认为，"再好的艺术品如果只能在展示柜里，未免可惜。'故宫'的资产要创造新价值，就不能墨守成规，必须发展文创产业"。同时，她认为，"走品牌之路，才是真正的蓝海！"因此，她将台北"故宫"的名称在欧美日澳等地区申请商标注册，然后将注册商标等授权给品牌运营经验丰富的厂商。2005 年起，台北"故宫"开始实施"注册商标授权厂商商品化使用专案"，厂商为了获得授权必须提出完整的商品开发计划，首批取得授权的厂商是较有知名度的台湾本土品牌"法蓝瓷"。品牌授权是希望创造台北"故宫"与厂商间的双赢关系，进而将台北"故宫"宣传到全世界。

台北"故宫"的商品部总是最吸引游客驻足的地方，围着里三层外三层的顾客，每个人手里都是大大小小的旅游纪念品，包括官帽酒瓶塞、龙爪开瓶器、"肉形石"冰箱贴、清代镂空花瓶样式的鼠标、"爱妃"U 盘等等。据说，商品部每天的营业额都超过百万新台币，更是荣登台北士林区百货卖场类零售业的第一名。

1.翡翠白菜

台北"故宫"围绕"翡翠白菜"这一镇馆之宝,推出了包括项链、胸针、筷子架、水果刀、电子产品保护套、牛奶蛋糕、黑芝麻饼干、香蕉御麻薯等近 800 种文创商品。数量之多,品类之丰富,让游客目不暇接,大开眼界。

2."朕知道了"胶带

"朕知道了"(图 1)这四个字采自康熙真迹,据说康熙帝在位时期批阅奏折时,喜在文末朱批"朕知道了""知道了"等字样。胶带含黄白红三种颜色,其中"朕知道了"的楷书体胶带最受欢迎。此系列胶带一经推出就大受欢迎,可以说是"稳准狠"地抓住了年轻人的心理,既有文化历史感,又在实用的基础上幽默了一把。当使用者把这霸气的"墨宝"粘在信封或礼盒包裹上时,那封存之物似乎立刻就有了岁月的色泽,又会因皇上的"一笔参与"而身价倍增。

图 1 "朕知道了"胶带

值得一提的是,台北"故宫博物院"在开发文创产品时十分尊重历史事实,在"朕知道了"胶带爆红后,有人提议围绕"本宫乏了""贱人就是矫情"等网络流行语开发相关产品,遭到了台北"故宫"的明确拒绝。他们认为"生活化"了的文物并不意味着"庸俗化"或"低俗化",这些主题缺乏历史依据,也违背博物馆精神。

(二)来自故宫的礼物

故宫博物院建立于 1925 年,是在明朝、清朝两代皇宫及其收藏的基础上建立起来的中国综合性博物馆,也是中国最大的古代文化艺术博物馆,其文物主要来源于清代宫中旧藏,是第一批全国爱国主义教育示范基地、第一批全国重点文物保护单位、第一批国家 5A 级旅游景区,1987 年入选世界文化遗产名录。故宫文物藏品总计 1807558 件(套),其中珍贵文物达 1684490 件(套),占总数的 93.2%,占全国文物博物馆系统馆藏珍贵文物的 41.98%。馆藏方面的独占鳌头决定了故宫责无旁贷地通过研发文创产品来弘扬和传承中华传统文化。

近几年,故宫从"高贵冷艳美"毫无痕迹地过渡到了"呆萌系",其文创产品可谓是抢尽风头。据统计,截至 2016 年底,故宫的文创产品共有 9170 种,在 2016 年为故宫带来 10 亿元左右收入。其在天猫和淘宝分别开设了"故宫博物院文创旗舰店"和"故宫淘宝·来自故宫的礼物"两家网上店铺,前者收藏量达几十万,后者更是直逼百万。"从数量增长向质量提升方面转变"是故宫文创产品开发的口号,即品种上的增长已不是其追求的主要目标,而是将侧重点更多地放在产品的质量上。

故宫博物院院长单霁翔在演讲时指出,故宫 60 多年来一直在文化创意的道路上努力,但与台北"故宫"相比,虽更注重历史性、知识性,却在趣味性、实用性等方面存在不足。在这种情况下,故宫进行了更多探索,拓宽思路,让文创产品更亲民、更有趣、更接地气,通过对文创产品的开发让传统艺术与文化真正走近大众。

故宫文创产品开发的模式为与从事相关创意产业的个人或公司合作,一起挖掘可开发利用的元素和题材。同时组织内部员工进行投票,选出得票最多的展品或藏品作为创意元素,并对有突出贡献的员工进行奖励。故宫淘宝店商品分类包括故宫娃娃(故宫猫、大明娃娃、清朝娃娃)、生活潮品(折扇、瓷杯碗、冰箱贴、钥匙扣、行李牌、手机壳、红包贺卡、挂历台历、屏风摆件等)、手账周边(胶带、贴纸、本子)、文房用品(本子、书签、笔尺、文件袋、书籍、鼠标垫)、宫廷首饰(胸针、镜子、耳坠、手串、挂件、项链、发簪)、包袋服饰(抱枕、单肩包、化妆包、卡套、钱包、围裙、T 恤、鞋子)。

1. 朝珠耳机

"朝珠耳机"(图 2)可谓是故宫文创产品中最火的一款,采用仿蜜蜡材质,有红黄两色珠子装饰,外形酷似清代官员穿着朝服时佩戴的朝珠。设计师将文物与实用相结合,针对"耳机使用完后,就必须摘下保管"的特点,改变了耳机原有的使用方法,用和不用时都可以直接挂在脖子上,成了一种装饰品。这款耳机据说"戴上它听歌、写东西时感觉简直像在批奏折",一经推出很快售罄,获得

2014 年十大文创产品大奖赛第一名。

图 2　朝珠耳机

2.故宫日历

"故宫日历很可能是对文化传播起到用途最大的文创产品。"院长单霁翔说。故宫日历的前身可追溯到 20 世纪 30 年代,曾在 1933 年至 1937 年期间出版。2010 年,以 1937 年版"故宫日历"为蓝本的新版日历问世。此后,日历逐渐围绕"生肖"主题进行编辑。

2017 年即丁酉鸡年的日历主题为"金鸡报福瑞,鸣曲奏吉祥"。专家们甄选出 365 件以禽鸟为主题的藏品编入日历内,且依照惯例,日历的每个月都有一个独立的主题,例如,1 月是"金鸡献瑞",3 月为"锦绣前程",5 月是"丹凤朝阳",等等。除了故宫藏品外,来自陕西历史博物馆、西安博物院、西安碑林博物馆、茂陵博物馆、国家图书馆、波士顿美术馆、芝加哥美术馆、宾夕法尼亚大学博物馆等机构和个人的相关藏品,也都被编入日历之中。

(三)西溪且留下

最近十余年来,杭州城西的商贸业发展迅速。政府的支持、房地产业的兴盛、高教事业的发展使得城西地区成为杭州新兴商业中心。银泰城、欧美中心、西溪天堂、印象城等商圈商业利好不断。西溪天堂毗邻西溪国家湿地公园二期,占地面积 26 公顷,地上地下总建筑面积达 30 万平方米。其整体构思最先起源于西溪湿地保护工程配套停车场的概念,后逐渐演变成以国际酒店集群为核心,集旅游公共服务设施、精品商业街、博物馆、国际俱乐部、酒店式公寓、产权式酒店等于一体的国际旅游综合体。

中国湿地博物馆,位于西溪天堂商圈的核心区域,随着近年来商圈人气的剧增,湿地博物馆的游客接待量也呈陡增趋势。相应地,博物馆文创产品的开发也受到了较大的重视。2014年初,中国湿地博物馆联合浙江省民间美术家协会举办了"西溪旅游纪念品创意设计大赛",鼓励社会各界设计、研发以西溪文化为核心的创意伴手礼,利用地域资源开发有西溪特色的旅游纪念品。"发掘有故事的小东西。"中国湿地博物馆馆长陈博君说。西溪历史悠久,最早可以追溯到5000多年前的良渚文化时期,是杭州先民居住繁衍之地。先民们的开拓精神加上生活经验和智慧结晶,汇聚为西溪文化的深厚积淀,每年吸引着百万游客。水乡渔事、农家桑蚕、火柿映波、龙舟胜会……可以说,西溪遍地文化资源,亟待发掘。

"西溪旅游纪念品创意设计大赛"于2014年3月起征集作品,社会各界、各大高校、文创产业人士等踊跃参与,中国湿地博物馆也专门从各部门抽调人员,成立了大赛统筹小组,从头至尾全力推进大赛全程:规划大赛方向,制订整体方案,多渠道发布大赛信息,接收整理参赛作品,组织专家进行多次评审,联系入围参赛者进一步完善并提交作品,等等。经过数月的征集,主办方共收到参赛作品设计方案216组、900余件。经过两轮专家评审,97组实物及模型作品、17组创意图稿进入终评角逐,最终,"西溪旅行伴侣"等作品获评委会大奖。随后,入围获奖作品以成果展的形式,在中国湿地博物馆专厅展出。从平民化的铅笔、U盘、手袋,到精致华美的绣品、绸伞、服饰,游客们可以在展厅中欣赏到围绕西溪独一无二文化资源所展开的大脑创意风暴成果。同时,在展览开幕当天,还组织进行了专家研讨会和获奖作品颁奖仪式。展览期间,中国湿地博物馆还邀请现场观众对作品进行投票,选出"十佳人气"作品。

1. 西溪旅行伴侣

"西溪旅行伴侣"(图3)为此次大赛的特别金奖获奖作品,主要包括环保购物袋、环保便当包和旅行箱保护套三组作品。围绕"本着渴望时尚、便利生活和环保精神,以永久性的概念来取代塑胶袋,让每个人的每一天过得更美好"的设计理念,以西溪湿地景观为设计图样。作品用料轻便环保,方便携带,结实耐用,整套作品设计较为成熟完善,具有很强的后续操作性。

图 3　西溪旅行伴侣

2.绿溢西溪

"绿溢西溪"(图 4)获得了此次大赛传承创新三等奖。该作品由创意枕架、杯垫、iPad 保护套等组成,采用当前流行的环保简约的设计理念,让旅游纪念品不再枯燥无味。清新亮眼的绿色,手感较好的毛毡材质,加上环保、创意、实用这三大元素,赋予了西溪湿地旅游纪念品更多的价值及意义。

图 4　"绿溢西溪"系列产品

三、我国博物馆文创产品开发存在的问题及思路对策

(一)博物馆文创产品开发存在的问题

在日常运营中,与其他商业性运作的团体相比,博物馆与市场接触的机会不多,缺乏营销经验,且对文创产品开发不够重视;而国家对文创产品开发方面的相关政策法规也有待完善。同时,文创产品的主题和种类也缺乏创意和实用性,拘泥于纸扇、书签、杯子等相似产品,对消费者缺乏吸引力。低档产品的材质往往较为粗糙,缺乏精美度,难以激发消费者的购买欲,高档产品则又会因过高的价格而使人望而却步。

(二)博物馆文创产品开发的思路及对策

第一,开发前期应当进行全面周密的市场调查,杜绝闭门造车。应对消费者进行调查,譬如通过互联网销售终端收集消费者大数据,分析相关信息;深入研究市场上同类产品的具体信息,激发设计灵感;分析产品实现生产的可行性等,从而实现精准营销。

第二,应当深入挖掘博物馆自身的文化资源,将自身独特的文化资源研究个彻底,凝练成"我有他无"的产品,使其具有更强的生命力。在借鉴成功案例的同时,加入博物馆自身特色,切勿一味地模仿照搬,东施效颦。

第三,应当注意底线和品质。文创产品开发的创意性应该建立在合理的历史事实和依据之上,不能纯粹为了迎合消费者而开发一些过于庸俗或低俗的产品。同时,要注重产品的品质,即便是一枚小小的书签,也应该追求精美,文创产品不等同于小商品。

第四,应当紧跟科技前沿,充分利用新技术进行研发、生产和营销,多方位开拓销售渠道,特别是互联网营销渠道;同时,注重知识产权保护和品牌授权。尝试与企业、协会等社会机构合作推广产品,拓宽销路;挖掘博物馆品牌形象潜力,提升品牌价值,做好品牌形象管理。

四、结语

　　博物馆文创产业的发展,有利于将博物馆文化普及到大众日常生活中,有利于实现社会效益和经济效益的双赢,有利于对传统文化的传承与创新。博物馆文创产品的开拓创新应结合当地特色、经济发展状况等多种因素,探究独具特色的开发模式,提升核心价值与市场竞争力,寻求商业利益与公共教育价值的平衡发展。

参考文献

[1]赵淑华,张力丽.博物馆文创产品叙事性设计方法[J].美术大观,2016(5):102-103.

[2]徐菁.当代博物馆文创产品开发存在的问题及具体对策[J].时代教育,2016(9):94.

[3]潘雪梅,万汉.博物馆文创产品开发的理念与原则——以四川三苏祠博物馆为例[J].绿色包装,2016(5):53-56.

[4]李旭丰,张涛.台北"故宫":古老文物焕新颜[J].海峡科技与产业,2011(12):19-21.

[5]岳妍,李梦婷.基于博物馆资源的文创产品开发模式研究——以台北"故宫博物院"为例[J].科技经济导刊,2016(23):191.

[6]潘博成.台北"故宫""玩"文物[J].中华手工,2013(12):67-69.

[7]张飞燕."互联网十"背景下的博物馆文创产品发展[J].遗产与保护研究,2016(2):22-26.

[8]马晶晶.当代博物馆文创产品与产业的发展现状与对策探讨[J].吕梁学院学报,2015,5(4):59-63.

博物馆文化创意产品开发中
存在的问题与应对策略

于奇赫

（上海大学美术学院）

【摘　要】随着国家对博物馆文化创意产业发展支持力度的加大，围绕博物馆馆藏文物的创意产品开发，如何利用博物馆特有的、深厚的文化内涵生产吸引大众的文化创意产品，并借由这些文化产品与服务让大众"把博物馆带回家""把文化带回家"，不仅是中国博物馆行业正在思考和探索的一个方向，而且是中国经济社会协调发展所面临的一个问题。

【关键词】博物馆　文创产品　创意　设计思路

博物馆文化创意产品依托于当今文化创意产业的发展。所谓的文创产业不同于一般的制造业，着重强调以"文化＋创意"为核心，通过艺术授权、产业化和行销的方式开发文化产品，最终目的是让人们更好地了解文化。而博物馆的使命正是保存与传播世界的历史和人类的文化，所以，博物馆与文创行业的对接是"天作之合"，有利于博物馆实现社会效益和经济效益的双赢。新博物馆学理论中提到，博物馆不再是保存物品的仓库，而是更关注教育、传播与娱乐，而这一切都可以通过文化创意产品的开发得到实现。2015年国务院颁布的《博物馆条例》与2016年文化部等部门发布的《关于推动文化文物单位文化创意产品开发的若干意见》，都鼓励博物馆大力挖掘自身藏品内涵，延伸文博衍生产品链条，从而引导人们的文化消费。

在中央及地方政策的大力支持下，围绕博物馆藏品而举办的文化创意产品设计大赛层出不穷。按照活动的组织方分类,有如下几类:以博物馆为主体举办的赛事,如上海博物馆在 2015 年和 2016 年举办的文化创意设计大赛;高校组织的赛事,如北京大学考古文博学院在 2016 年举办的"看见桃花源——源流·首届高校学生文化遗产创意设计赛";政府牵头组织的赛事,如 2015 年广西文化厅主办,广西文物局、广西博物馆协会承办的"首届全区博物馆文化创意产品大赛";博物馆与国有企业联合举办的赛事,如陕西历史博物馆与陕文投集团陕西华夏文化创意有限责任公司联合举办的"第三届'中国创意'产品设计大赛暨陕西历史博物馆文创产品设计大赛"。另外,既有全区多家博物馆参与的"首届新疆 2016 年博物馆文创设计大赛",又有区域性的"潍坊市首届文化产品创意设计大赛"。设计大赛选出的作品通过博物馆授权进行批量生产,最终呈现在博物馆设的文创产品商店内,供观众挑选。

一、当前博物馆文化创意产品开发中存在的问题

故宫博物院仅依靠销售文创产品一年就创造了超过 10 亿元的利润,使得人们把目光都聚焦在文创产品的开发上。但是,在由设计、生产和营销构成的博物馆文创产业链中,最困难也最应该注重的设计环节明显动力不足。

(一)"物料贴图"模式下的简单复制

"物料贴图"是设计界的一个通俗用语。"物料"指的是产品生产出来前没有任何标识与图案的半成品,诸如空白的纸盒与没有贴签的瓶子等。"贴图"就是设计师把图案和标识按照一定的版式设计放置在物料上。"物料贴图"只是设计师对图案的挪用,其中没有体现多少创意元素。比如因台北"故宫""朕知道了"胶带创意在前,便有不少大陆网友质疑故宫的创意抄袭自台北"故宫"。这款文创产品中的纸胶带就是一个空白的物料,任何博物馆都可以将自己馆藏器物的纹样、书画的图案与书法的章句抽离出来"贴"在纸胶带上。但这并不属于文化创意产品,只能算是一个带有文化元素的产品。所以,我们在国内大型博物馆文创商店中几乎都能看到跟风生产的手提袋、冰箱贴、扑克、书签、贴纸、丝巾、抱枕、T恤、纸扇、尺子和文件袋,都是将"镇馆之宝"的图案直接印在平面

与曲面的物料上,或者是直接做成类似这些物料的外形进行销售,但是在设计上都大同小异。

2015年,沈阳故宫博物院研发的"皇后驾到"系列文创产品(图1),在阳伞、梳子、手包、钱包、背包等品种上,运用清代的江河祥云纹、凤凰牡丹等吉祥纹样进行设计。但是,如果说这个产品是故宫出品的也可以,是台北"故宫"出品的也可以,甚至可以说是南京博物院的产品。因为这些博物馆都藏有带有同样的江河祥云纹的清代织绣与器物,只是在色彩的搭配上有所差异。2016年,沈阳故宫博物院在"第二届沈阳文博创意产品展示会"上推出八旗Q版形象的福袋(图2)。对于八旗Q版形象的文创产品,故宫已经推出了不倒翁、公仔、陶瓷调味罐和毛绒钥匙扣等产品,两所博物馆这一系列产品的颜色和形象都较为接近,很容易混淆。

没有个性的文创产品会降低博物馆形象的识别度,也会让人产生设计理念抄袭的怀疑。博物馆文化创意产业的重点并不应该放在这些简单的、没有设计感与科技含量的物品上,更应该放在具有视觉冲击力、实用性与创意元素的产品上。

图1 "皇后驾到"系列文创产品　　　　图2　八旗Q版形象福袋

(二)产品制作材料与工艺的粗糙

博物馆的文创产品开发制作,都是根据博物馆相关部门提出的文化创意产品需求,由社会上的合作单位完成产品的设计与制作的。"外包"的产品制作模式可以节省文化产品的研发成本,但是生产的文化产品往往缺乏创意,对于博物馆馆藏文化的理解与表现不够准确,只能算是一般的旅游纪念品。这样的旅游纪念品往往制作粗糙，买回家后很容易被淘汰扔掉，保存价值不大。博物馆的文创产品创意应来自馆藏，而馆藏中传递出的另一种信息就是古代工匠的造物美学与精雕细琢。我们可以从玉器的磨制与穿孔，青铜器中失蜡法的运用与图形的组合，漆器的复杂工序与色彩的层次，牙角木雕的细腻刀法与空间布局，织绣针法组合与纹饰搭配中，看出当时的工匠对自己的作品精益求精、力求完美的精神理念。我们所倡导的"工匠精神"就可以从博物馆精选出的每一件馆藏中体现出来。工匠严格选材、注重工序，每一件作品都精心打磨、专心雕琢，他们用心制造手工艺品的态度就是工匠精神的思维和理念。

南京博物院售卖的青瓷羊耳扒（图3），售价为16元。而普通的竹制耳扒价格在1元左右，可见购买者的15元都是消费在了耳扒上方的青瓷羊上。青瓷羊（图4）是南京博物院的"明星展品"，1958年出土于南京市北京路，是三国吴时期一件可以插蜡烛的随葬器。这件青瓷羊的造型十分美观，整体呈卧伏状，身躯肥壮，昂首张口，似正在咩咩而鸣，全身装饰划纹、圆点纹和卷曲纹。耳扒上方的树脂青瓷羊没有任何实际功能，所以只是对竹耳扒进行装饰。但是，将"青瓷羊"与耳扒上的"青瓷羊"对比后我们可以明显看出，这个文创产品的造型完全不能体现青瓷羊的神韵：脸部短、圆，眼睛与耳朵的细节模糊、上色呆滞，整体造型无力，色彩粗俗，身上一些线刻的细节与四蹄之间的位置非常随意与粗糙。"青瓷羊"在这件耳扒上蜕变为只是一个符号，并没有准确地向购买者传递三国时期的艺术风貌。

图3　青瓷羊耳扒

图4　青瓷羊

(三)媚俗现象严重

媚俗的"媚"是巴结、逢迎的意思,其"俗"是世俗、庸俗之意。[①] 博物馆是传播文化的地方,而我国的历史博物馆偏重于传播中国的古代历史,且毕竟古代文化与现代文化的差距甚远,古代人并不使用 U 盘、折叠伞、耳机等物品,所以在设计上必须要找到这些现代物品与古代文化结合的历史逻辑,或者以"萌""潮"与"复古"文化为主进行整合,但要保证文创产品所传递的知识是符合古人生活细节的。如果没有历史的逻辑而一味地迎合大众文化,"为卖萌而卖萌",那么文化在创意产品中就等同于一个设计的元素,而不是设计的驱动力,文创产品就变为一般流通中的商品了。所以说卖萌、夸张、穿越只是一个设计的手法而不是最终的目的,文创产品应该引导或影响现代人的生活方式,而不能成为现代人生活方式指导下的改造对象。

知乎平台上一位名叫"丁丁"的设计师称其所在公司与故宫正在进行深度合作。但是,从她所讲述的故宫文创产品的设计思路与生产过程可以看出,故宫所追求的是短、平、快的效益。如果对产品的材质与工艺有特殊的要求、加工时间长,那么就将设计的思路与表现方式简化,似乎只要将产品贴上故宫的标签就可以吸引人们的眼球。故宫对于时下流行的自媒体和网络流行语也十分关注,其产品中能看到"朕就是这样汉子"扇子(图 5),"心情不好,让朕静静""朕的龙辇只加 95 号油"系列车贴,"臣妾做不到啊"系列胶带。这种商业思路虽然可以帮助故宫文创产品迅速取得年轻人的认同,但是这种"快餐式"的文化消费显然与故宫的历史底蕴不符。故宫博物院拥有 180 余万件文物[②]和 78 万平方米明清古建筑,设计团队应该以明清历史、丰富的馆藏与建筑事物为设计的源泉,而不是从充满虚构情节的清宫剧中寻找灵感。故宫的文创产品中充斥着皇帝、侍卫、格格(图 6)这类卡通元素,而故宫的建筑、瓷器、青铜器、玉器、石鼓和钟表等在文创产品中出现的频率却较低,这值得我们反思。

---

① 孙宜君:《论中国电视传播中的媚俗现象及其治理》,《中国电视》2004 年第 8 期,第 60 页。
② 截至 2010 年 12 月,故宫博物院共有藏品 1807558 件(套)。单霁翔:《博物馆藏品架起沟通的桥梁——来自故宫博物院文物普查的报告》,《中国文物科学研究》2014 年第 3 期,第 9 页。

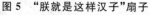

图 5 "朕就是这样汉子"扇子　　　　图 6 格格化妆包

二、博物馆文化创意产品开发中的创意策略

首先,深度发掘馆藏文物,完善数据库与授权。布尔迪厄曾提出:"文化资本在社会条件下能够转换成经济资本。"①所以说,博物馆获取经济资本的前提就是要获得文化资本,完成馆藏资源的转化。而在这一方面,台北"故宫博物院"走在了亚洲地区博物馆的前列。台北"故宫博物院"的在线数据库信息数量总数为 307958 件②,其开放程度远高于大陆地区的博物馆,每一类别的数据库下还分别设有清晰且详细的检索分类,这种人性化的分类除了能够推动博物馆庞杂的文化资源的整合与再利用之外,还为社会公众的使用提供了较大便利。此外,台北"故宫博物院"数据库系统中的每件物品均有详细的信息标注和各角度的细节展示,且图片清晰,可见台北"故宫博物院"有相对较强的数据库建设意识。

博物馆数据库作为文化资本,在互联网高速发展的今天可以有效地转化为社会资本、经济资本等其他不同形态资本。对文化资本来说,其主要价值在于能够满足主体的文化需要,而对文化创意产业来说最重要的就是其产品价值得到社会认可。博物馆文创产品的销售收益就是文化资本以财富形式表现出来的价值的积累,而这也是文化资本转换成经济资本的形态。截至 2015 年,台北

---

① 布尔迪厄:《文化资本与社会炼金术》,包亚明译,上海:上海人民出版社,1997 年。
② 该统计数据来源于台北"故宫博物院"官网,包含器物典藏资料检索系统、书画典藏资料检索系统、先秦铜器纹饰资料检索系统以及善本古籍数据库四类的数据总和。

"故宫""已推出了近2400种文创商品,单是2014年文创商品就收入11亿元新台币,已超过10亿元新台币的门票收入"①。文创产品的开发是一种对文物图像数位内容的再创造,因而图像的数位化是必不可少的一部分内容。所以,博物馆应该深化对馆藏的整理与数位化,扩大艺术授权的范围与建立新的机制。博物馆应该用更多的文物激发设计师的灵感,而不是千篇一律地围绕镇馆之宝进行"物料贴图"模式的产品开发。

其次,采取"创意+实用"的策略。创意并不是装饰,创意要依附于产品的结构和功能,要达到实用与美观的标准。

故宫博物院推出的"俑仕相伴"彩绘男陶人俑晴雨伞(图7),其创意来自馆藏胡人俑(图8)。这把伞的整体就像一个穿着风衣的胡人,胡人的鞋是伞把手,胡人的衣服就是伞身,而胡人的头是伞的顶部,这三部分缺一不可,全部依附在雨伞的结构上。

山东大学历史文化学院赵星宇同学,参加北京大学"源流·首届高校学生文化遗产创意设计赛"的入选作品——曲辕犁指甲钳(图9),其设计灵感来源于我国传统农耕文明生产技术的代表——曲辕犁。赵星宇同学为了使作品更加贴近曲辕犁本身的形态,对指甲钳的传统结构做了变动,将传统指甲钳的上、中部分结合为一个部分,根据曲辕犁调整耕作深浅的原理,设计了一套功能系统——"犁评",在指甲钳非使用状态下对刀头进行闭合,这样可以防止由于刀头长期打开而意外划伤手指。在尾部使用耕牛的牛鼻环作为钥匙环,则是指甲钳形态及功能上的又一处亮点。

图10是日本东京国立博物馆的纪念品商店中销售的以藏品陶俑为主题的"陶俑袜",这种袜子的原型是日本埼玉县熊谷市野原古坟出土的"跳舞的人们"人物陶俑。设计师将陶俑单纯的表情与袜子相结合。

---

① 《台北"故宫博物院"文创产品研发分析与思考》,《陕文投报》2015年5月28日,第6版。

图 7 "俑仕相伴"彩绘男陶人俑晴雨伞

图 8 馆藏胡人俑

图 9 曲辕犁指甲钳

图 10　陶俑袜

再次,与国内拥有成熟产业链与品牌形象的文化厂商和企业合作,建立完善的文化创意产品开发管理体制。博物馆内部应该成立自己的研发设计团队,任何一件产品在开发之前都必须先由博物馆的研究部门审定产品设计的可行性。在完成设计之后就要寻求拥有成熟产业链与品牌形象的文化厂商与企业,借助它们严把关的工艺流程与高质量的制作技术实现设计创意,让企业的销售部门根据自己积累多年的市场经验对产品进行市场评估,然后充分发挥媒体与分销商的作用将产品推向市场。博物馆的设计团队既要做创意者,又要做好"把关人",不断打造博物馆文化品牌和延伸文物价值。博物馆要与社会上的制作工作室和企业建立良好的合作关系,不断优化设计风格,丰富产品种类,创新物料材质,推出消费者喜爱的新产品,满足社会不同层次的购买需求。

故宫博物院在建院 90 周年的纪念活动上,就特别推出了一款限量定制的"宫廷珐琅纯金纪念腕表"。这块手表采用故宫专属国宝级工艺"微雕暗刻度珐琅",虽然每只售价 50 万元,但是由于制作精良、创意新颖,在纪念大会当日推出后就被观众抢购一空。

最后,在控制成本的同时降低价格,促进文创商品的流通和传播。博物馆文化创意产品开发的目的是传播文化而不是营利,所以要推广大多数人买得起的文创产品,这样才能扩大博物馆的品牌效应。

苏州博物馆的"国宝味道之秘色瓷莲花碗"手工曲奇饼干礼盒装一盒 8 片共计 137 克,售价 25 元;京东超市销售的趣多多香浓巧克力味香脆曲奇饼干 285 克,售价才 10.9 元,可见文化的经济价值所在。但是,制作秘色瓷莲花碗形状的曲奇饼干,并不比趣多多香浓巧克力味香脆曲奇饼干复杂,只是换了一个新的模具造型;而手工曲奇饼干也并不能说是完全手工就比生产线生产的饼干味道好,饼干的味道来自独特的配方中的材料比例。

博物馆文创产品的价格应该让更多的、不同年龄层次的观众接受,而不是以一种奇货可居的心态去销售文创产品,过度重视知识产权的价值。如果秦始皇兵马俑博物馆在夏天能推出一款"巧克力味跪射俑牛奶雪糕",一定会受到观众的欢迎与踊跃购买;但是,如果标价 10 元或是 15 元一根,那么观众宁愿选择价格更为合理的别的品牌雪糕,也不愿意支付更高的价格去体验短暂的"古代文化"。

三、结 语

随着互联网与物流业的高速发展,人们现在坐在家中点击鼠标或者触碰屏幕,就可以获得博物馆开发的丰富的文化创意产品。博物馆在开发文化创意产品之前要完善藏品的数据库,发掘更多库房中尘封已久的文物;设计环节要注重用户定位和创意相结合,杜绝"物料贴图"的复制模式;生产过程中同国内拥有成熟产业链与品牌形象的文化厂商和企业合作,控制成本的同时降低价格。这样才能让博物馆藏品走进人们的日常生活,让尘封已久的历史文物在当今社会重新焕发生机。

彰显丝绸之路博物馆品牌效应

——对张掖市建设丝路文化
"博物馆跨界融合"的几点思考

姚艳霞

（张掖城市湿地博物馆）

【摘　要】党的十八届三中全会指出，建设社会主义文化强国，增强国家文化软实力，必须以激发全民族文化创造活力为中心环节，进一步深化文化体制改革。博物馆作为收藏和展示人类文明的场馆，常常被誉为一个城市的窗口、一个国家的名片、一个民族的圣殿。本文以张掖市为例，对"博物馆跨界融合"现有政策机遇和资源优势进行分析，探索提出了以彰显文化特色品牌效应为主要内容的博物馆跨界融合思路和实现途径，进而通过外部资源的引入与互动，全力构建丝绸之路张掖市"博物馆跨界融合"体系，延伸博物馆产业链条，进一步扩展博物馆文化创造、旅游休闲、创业创新等社会功能，推动博物馆事业永葆活力、长足发展。

【关键词】博物馆　跨界融合　思考

一、建设"博物馆跨界融合"的背景因素及问题分析

张掖市文化资源丰富，深厚的历史文化和丰富的文化遗产是建设"博物馆跨界融合"的最大优势，厚重的景观文化内涵是打造丝路经济发展带"博物馆跨界融合"产业平台的最强支撑。

（一）政策机遇

"十二五"时期，张掖市博物馆建设面临前所未有的大好机遇和许多有利条件。一是国家发展战略机遇。党的十七届六中全会明确提出，要把文化作为经济社会发展的重要支撑，着力推动文化产业成为国民经济支柱性产业。党的十八大和十八届三中全会对创新文化体制改革做了专门安排部署，将文化产业上升到国家发展战略。《国务院办公厅关于进一步支持甘肃经济社会发展的若干意见》明确将建设文化大省作为甘肃发展的三大主要目标之一。这些国家层面的政策，要深入研究分析，找准符合张掖市"博物馆跨界融合"建设的对接点。二是华夏文明传承创新区机遇。2013 年 2 月，国务院办公厅正式批复支持甘肃省建设华夏文明传承创新区，表明甘肃省又拥有了一个国家层面的战略平台。围绕甘肃建设华夏文明传承创新区"一带、三区、十三板块"的发展布局，张掖市提出了"一个主题""三大体系""六大行动"的"136"方案，率先建设华夏文明传承创新区张掖试验区。要将"博物馆跨界融合"建设融入华夏文明传承创新区，先试先做，重点打造。三是历史文化名城保护机遇。近年来，张掖市经多次审议通过了《中共张掖市委关于进一步加强历史文化名城保护的意见》，制订了加强历史文化名城保护的具体措施，促使张掖历史文化名城的文化内涵、传统特色和历史文脉得到有效保护。要将现有的市、县（区）博物馆列入历史文化名城保护范围，全力打造历史文化名城，建设以"博物馆跨界融合"为主要内容的生态文化城市。

（二）资源优势

一是历史文化资源丰富。张掖是一座具有 2100 多年悠久历史的文化古城，是坐落在黑河流域三角洲上的一座湿地之城，在祁连山北麓东至焉支山、南到扁都口、西至天城石峡的扇形地域上，历史遗迹众多。境内汉明长城、历代石窟、寺庙、碑塔、古城、烽燧、墓葬群星罗棋布，具有得天独厚的文化资源优势。据第三次全国文物普查统计，张掖市共有不可移动文物 1317 处，其中，全国重点文物保护单位 13 处，省级文物保护单位 38 处，县级文物保护单位 571 处，全市各级博物馆馆藏文物 3 万余件（套），三级以上珍贵文物 2937 件（套）。二是文化产业粗具规模。近年来,张掖市坚持以生态文明为引领,立足"一山一水一古城"的自然禀赋,加快生态城市建设步伐,建成了张掖城市湿地博物馆,"半城芦苇"的湿地美景日益恢复,"半城塔影"的历史风貌日渐清晰,为建设"博物馆跨界融合"提供了无可比拟的"软实力",开启了生态保护与文化发展的崭新篇章。据统计,目前张掖全市有文化产业机构 675 个,从业人员 2994 人,实现年产值 1.26 亿元。

(三)突出问题

一是"博物馆跨界融合"编制工作滞后,构建张掖市"博物馆跨界融合"体系的构成要素内容不明确、不具体,没有修编"博物馆跨界融合"建设的专项规划;二是各类博物馆总体发展水平仍然落后,基础薄弱,实现构建丝绸之路张掖市"博物馆跨界融合"体系的压力很大,全市文化产业约占 GDP 的 0.6%,以博物馆为主的文化产业发展缓慢;三是博物馆基础设施建设还不够完善,经费保障机制还不健全,财政投入与需要相比还很不足;四是博物馆工作队伍不健全,人才匮乏,工作人员素质有待进一步提高。

二、加快推进"博物馆跨界融合"建设的路径探析

笔者认为,建设丝绸之路文化博物馆,要充分发挥张掖市生态文化、佛教文化、裕固族文化、地质文化、红色文化的资源优势,认真做好博物馆产业规划,加大项目投资力度,凝聚社会之力,构建丝绸之路张掖市"博物馆跨界融合"体系。

(一)利用资源优势,推进"博物馆跨界融合"建设

(1)打生态文化牌,延伸以张掖城市湿地博物馆为主的"博物馆跨界融合"产业链条。张掖城市湿地博物馆位于张掖国家湿地公园内,占地面积 18 万平方米,建筑面积 5571 平方米,以湿地文化展览为主题,集生态湿地收藏、研究、展示、宣教、科普功能于一体,是西北地区建成的第一家城市湿地博物馆。开馆以来,日接待游客 2000 人次,成为展示张掖市生态文化和城市湿地建设成果的靓丽窗口。要以张掖城市湿地博物馆为中心,拓展"博物馆跨界融合"生态文化

内涵,延伸产业链条,辐射带动博物馆区域内旅游、休闲、娱乐等相关产业发展。

(2)念佛教文化经,做大以西夏国寺、马蹄寺、山丹大佛寺为主的佛教博物馆文化产业。笔者认为,一座寺院不仅承载信仰,也是一个佛教文化博物馆。张掖是佛教圣地,西汉末,佛教沿丝绸之路经张掖传入全国,北周在张掖修建了九级木塔寺,西夏修建了大佛寺,马蹄寺始建于北凉,山丹大佛寺始建于北魏,浓厚的佛教文化为"博物馆跨界融合"建设提供了广阔发展空间。要加大对张掖西夏国寺文化产业园区的建设力度,力争建成佛教圣地朝拜区、佛教文化体验区、佛教文化展示区和旅游服务配套区四个各具特色的功能区。要将肃南马蹄寺、山丹大佛寺建设成为集石窟艺术和祁连山风光于一体的佛教文化"博物馆跨界融合"景区。

(3)唱少数民族戏,建设以裕固族文化为主的中国裕固族博物馆。肃南裕固族自治县是甘肃省独有的少数民族——裕固族的主要聚居区,裕固族民歌、服饰、婚俗具有独特的民族风情,被列入国家级非物质文化遗产保护名录。近年来,肃南裕固族自治县加大了对民族文化保护和传承的工作力度,在已有的肃南县民族博物馆基础上,规划建设了中国裕固族博物馆。该馆总投资2000多万元,建筑面积4168平方米,主体建筑造型为"裕固族红缨帽",主要由序厅、4个主展厅组成。要将传统博物馆的遗产保护展示功能与民族文化保护融为一体,全力打造肃南裕固族文化,使之成为张掖市"博物馆跨界融合"体系的特色品牌。

(4)借地质资源之力,推动以丹霞山为主的张掖丹霞地质博物馆建设。张掖丹霞国家地质公园位于临泽县与肃南裕固族自治县境内,以彩色丘陵和张掖型砂岩地貌景观为主体,具有极高的地质遗迹科考科普价值,是中国丹霞地貌发育最好、地貌造型最丰富的国家地质公园之一。2013年甘肃省公路航空旅游投资集团有限公司投资1亿元在张掖丹霞国家地质公园开工修建了建筑面积6900平方米的张掖丹霞地质博物馆,设计融合了丹霞地形地貌和丹霞色彩元素,成为张掖市"博物馆跨界融合"建设中又一座独具特色的标志性建筑。要全方位为地质博物馆项目建设提供优质、高效、便捷的服务,确保早日建成并发挥效益。

(5)做红色革命文章,打造以西路军革命历史文化为主的红色革命博物馆。张掖作为红西路军西征的主战场,红色资源丰富,承载着中国革命史上极其独特的一段历史,给后世留下了千古不朽的革命精神。目前,张掖市已经建成了中国工农红军西路军纪念馆、梨园口战役纪念馆、高金城烈士纪念馆、石窝会议纪念馆、艾黎纪念馆、河西解放纪念馆6个红色文化纪念馆。要继续加大投资力度,将红色文化统筹到博物馆建设之中,规划建设一批红色旅游重大工程,建成具有张掖特色的红色"博物馆跨界融合"精品项目。

(二)加大项目投资,打造"博物馆跨界融合"产业平台

(1)组织开展"博物馆跨界融合"建设规划。以党的十八届三中全会精神为指导,着眼当前,立足长远,邀请专家学者和专业技术人才,做好张掖市"博物馆跨界融合"建设中长期规划。要找准工作定位,对"博物馆跨界融合"建设的现状、发展模式、规划体系、指标体系和实施策略进行多方面研讨,确保规划设计的连续性、前瞻性和可行性。要狠抓"博物馆跨界融合"重大项目和重点工程建设项目储备编报,力争打造文化资源富集、文化特色鲜明、文化影响巨大的"博物馆跨界融合"产业群。

(2)做大做强"博物馆跨界融合"产业园区。着力打造丝绸之路文化产业带张掖产业园区,重点建设大佛寺文化产业园区和湿地文化产业聚集区。大佛寺文化产业园区以佛教文化为核心,将大佛寺景区建成以玉石、古玩、书画、文物复仿制品为重点的国际文化文物艺术品交易中心。湿地文化产业聚集区以张掖城市湿地博物馆为中心,规划建设滨河新区三大功能区,即生态文化产品交易区、生态文化产品研究开发转化区、生态文化设施综合配套服务区。积极扶持山丹大佛寺文化产业基地、临泽丹霞山文化产业园区、中国裕固族博物馆及中国工农红军西路军革命历史文化传播项目。

(3)加大"博物馆跨界融合"建设招商引资力度。招商引资是促进"博物馆跨界融合"建设的有效途径。要明确招商引资重点,论证建立"博物馆跨界融合"建设项目库,为大规模、有成效地招商引资创造条件。着力提高"博物馆跨界融合"招商引资水平,鼓励民间资本投资博物馆领域。要通过"以商引商"的形式,做到有准备招商、精确招商、有效招商,着力吸引一批规模型、效益型的博物馆大项目,以吸引一批文化产业战略投资者和企业共同参与张掖市"博物馆跨界融合"体系建设。

三、推进"博物馆跨界融合"建设的保障措施

1.加强领导,为"博物馆跨界融合"建设提供组织保证

"博物馆跨界融合"建设是一项文化惠民工程,必须把广大干部群众的思想统一到市委、市政府的决策部署上来,将目标任务纳入全市经济社会发展的总体规划,与经济社会发展同部署、同实施。要成立相应的组织机构,把"博物馆跨界融合"建设指标纳入中长期发展规划和年度工作计划,精心组织实施。要充分利用现代传媒,进一步加强宣传,扩大影响,引导社会关心重视博物馆建设,为构建丝绸之路张掖市"博物馆跨界融合"体系营造浓郁的氛围。

2.积极争取,为"博物馆跨界融合"建设提供资金来源

强化项目意识,依靠项目带动"博物馆跨界融合"建设事业的发展。立足全市文化事业、文化产业发展实际,科学谋划和编制文化基础设施和博物馆建设项目,积极争取一批"博物馆跨界融合"项目入驻张掖文化产业园区。制订更加灵活、更加优惠的政策,鼓励和支持民营资本、企业进入"博物馆跨界融合"建设领域,以智力、技术和资金参与"博物馆跨界融合"项目建设。

3.完善措施,为"博物馆跨界融合"建设提供人才支撑

按照《全市人才队伍建设规划》的要求,加强基层文化队伍建设,培养博物馆管理人才和骨干。着眼事业需要,加强对现有博物馆专业人才的培训,通过业务培训、院校培养和引进等方式,培养一批业务精湛、技能娴熟的博物馆专业人才。通过建立和完善工作制度,制订人才引进政策措施,鼓励工作人员开展博物馆管理理论课题研究,推动博物馆人才脱颖而出。

4.突出重点,为"博物馆跨界融合"建设提供机制保障

要加大财政扶持、抓好协调组织、严格考核奖惩,为"博物馆跨界融合"建设提供强有力的政策保障和制度保障。加大公共财政资金支持力度,建立"博物馆跨界融合"建设经费和人才队伍培养经费两个经费保障机制。适当放开博物馆在接收捐赠、门票收入、非营利性收入等方面的政策,解决运营经费短缺的问题。创新社会管理的机制、组织方式和手段,解决好"博物馆跨界融合"建设中出现的一系列新问题和新矛盾。

参考文献

[1] 吕济民.当代中国的博物馆事业[M].北京：当代中国出版社,1998.

[2] 张品.博物馆文化产业的理论初探[J].前沿,2012(7):189-191.

[3] 李凤亮,宗祖盼.科技背景下文化产业业态裂变与跨界融合[J].学术研究, 2015(1):137-141.

[4] 雨果·戴瓦兰.20世纪60—70年代新博物馆运动思想和"生态博物馆"用 词和概念的起源[J].张晋平,译.中国博物馆,2005(2):36-38.

[5] 任旺兵,夏农,才立新,等.中国创意产业发展战略[M].北京：中国计划出版 社,2013.

地方博物馆特效影院与
文旅产业融合研究

——以中国武义温泉博物馆为例

鲍仕才　吴剑梅

（浙江省武义县博物馆）

【摘　要】地方博物馆特效影院作为一种特殊的宣教形式，不能仅局限于基本的科教文物内容，管理者应群策群力，整合社会有关资源、勇于创新，开展有针对性的活动与地方产业相融合，提升博物馆公共文化服务能力，打造地方文化旅游品牌，保证博物馆自身活力，为地方产业发展提供有力支持。

【关键词】特效影院　文旅产业　融合研究

著名的德国文学家歌德说过："博物馆者，非古董者之墓地，乃活思想之育种场。"[1]这句话充分体现了博物馆在新时代的角色。博物馆特效影院扮演着相应的传播公众文化和科普的角色，担负着宣传特殊文化的责任与使命。随着我国文博和科普事业的发展，公众对地域文化知识和地方产业的关注度越来越高，尤为期望地方特色博物馆的展示和放映内容与地方产业融合，共同推进社会发展。

我们以筹建中国武义温泉博物馆（以下简称"温泉博物馆"）为抓手，整合温泉小镇各方资源，齐心协力建温泉名城、养生胜地，促文旅融合各项目加速发展，提升温泉博物馆的影响力与工作活力。

一、武义温泉小镇和温泉博物馆概况

武义温泉小镇(图 1)位于武义温泉旅游度假区核心区域,被列入浙江省第一批 37 个特色小镇创建名单。建设规划面积为 5.91 平方千米,总投资 38 亿元,是浙江省内目前唯一由国土资源部命名的"中国温泉之城"。总体定位为以生态为基底,温泉为龙头,养生为核心,产业为主导,文化为灵魂的华东一流、全国知名的温泉度假养生产业集聚区和温泉养生度假旅游目的地。目前清水湾沁温泉度假山庄、璟园古民居博物馆、温泉博物馆(图 2)、萤石博物馆、国际汽车文化创业体验园已初步建成并投入运营,2016 年接待游客 100 多万人次。

图 1　武义温泉小镇鸟瞰

图 2　温泉博物馆

　　2016 年 4 月,武义温泉旅游度假区建成温泉博物馆,以温泉取水井为中心地带,用生态型博物馆理念打造。具体设计布局如下:①露天温泉风情廊;②世界温泉名池;③十二生肖亲水池;④温泉小镇景观台;⑤温泉历史文化展厅;⑥温泉科普与特效影院;⑦萤乡特色展厅;⑧萤石遗址公园;⑨温泉取水深井和铁塔;⑩休闲观光区。

　　温泉博物馆科普与特效影院主要配套"一轴六组团"的总体布局设计服务:"一轴"为温泉风情长廊,是整个度假区的一条景观轴线,全长约 8.2 千米;"六组团"分别为入口门户印象组团、溪里湾温泉度假组团、溪里村休闲旅游组团、黄塘畈山地康体组团、鱼形湾温泉养生组团、大公山时尚运动组团。温泉博物馆在总体设计、声学设计中以"文化情"与"温泉境"多个视角展开宣传温泉小镇,并始终把武义县地理地貌和地质的特殊性与文化元素贯穿其中,体现了博物馆影院特色。度假区通过温泉博物馆进一步加强文化与旅游产业融合,借机宣传温泉小镇投资基础配套设施和公共文化服务平台,力争通过 3—5 年努力,逐步建成产业特色明显、功能布局合理、配套设施完善、公共服务齐全、旅游氛围浓厚、人居环境优良的特色小镇。

二、温泉博物馆特效影院资源与文旅产业融合研究

温泉博物馆的科普与特效影院是一种特殊文化宣传载体,如何有效利用文化资源,是摆在大家面前的主要问题。本文从温泉小镇现有资源和今后发展方向角度做些探讨性研究。从宏观层面梳理助推特效影院发展的要素,有如下几点。

(一)发挥温泉优势,产融联动

以打造"温泉名城,养生胜地"为目标,利用温泉小镇"泉"文化资源,瞄准武义民众具有的创业创新热情,发挥文旅强县优势创造诸多系列成果。当前如何增强文化和旅游融合创新,为地方经济快速发展起到促进作用,以下几点可供参考。

首先要做好"文化和旅游＋科技"的文章。目前,温泉小镇已集聚企业50余家,投入资金已有20多亿元。积极引导资金投入文旅创新项目上,真正让社会更多资金集聚温泉小镇,让金融发挥对实体经济的输血作用,不断提升产融发展水平。其次,利用温泉小镇度假区一条景观轴线上的商业创业街毗邻主城的区位优势,以商铺文化创意产业为主导,运用大数据下特效影院等信息技术手段进行精准分析、精准投放、精准服务,可以借鉴"互联网＋文旅产业"模式,推动商贸模式的创新,打造新的多元消费热点,真正使"文化和旅游＋科技"虚实联动。

(二)发挥人文优势,古今联动

武义作为南宋吕祖谦、朱熹等理学家的重要游学之地,是瓯越文化的根基所在。温泉小镇有大公山人类生活遗址、多处元朝婺州窑遗址,武义县政府也在着力推动文商旅融合发展。

在合理开发和保护大公山人类生活遗址的基础上,在温泉小镇打造中国汽

车和摩托车竞赛基地,高档特色古民宿,宣传江南第一风水村郭洞村的七星井和隐逸文化,多元性挖掘山、水、树等人文资源,通过全国各地影视拍摄传播,进一步宣传瓯越地域文化,打好温泉品牌。通过推进"全域景区化"攻坚,打好"建、改、治、管"这一套组合拳,努力把温泉小镇建设成颜值高、气质好、国际范儿的生态山水之城。

(三)发挥影院优势,综合联动

温泉博物馆设计定位为用高科技手段展示全县温泉资源,实景显示温泉从地下360米喷发的神秘视觉效果,通过影院播放武义地貌专题影片及保护温泉资源主题影片,还原真实场景画面,让观众有身临其境的感受。但目前特效影院主要放映武义温泉泡浴和基本温泉养生的科普内容,内容局限性很大。其形式缺少球幕影院、4D影院、动感影院、环幕影院和飞行影院等,其场所只限于温泉博物馆、璟园古民居博物馆、萤石博物馆三处。

因此,武义温泉小镇待开发"六组团"场所配备特效影院,并不一定要局限于场馆内流行的影院形式,可以综合参考国内外大型主题公园内的影院类型,以及最新热门类型如虚拟现实(VR)影院等。考虑到温泉小镇温泉、生态、人文、水景特色,选择与本地区相适宜的影院形式,吸引当地观众和外地游客多次前往及吸引旅游市场投资者投资,充分发挥文旅强县优势达到寓教于乐的目的。

三、机制层面创新特效影院运作模式

温泉博物馆拥有独特的资源和人才集聚优势,在完成常规性工作的同时,应创新运作模式,多维度、多层次地与大众产业融合发展。

(一)整合资源,形成优势

首先,要在思想上融入温泉小镇发展大局,解放思想、转变观念,引领和带动各文化旅游产业者在思想认识上同下一盘棋、共谋大发展,全面加快建设浙江省特色小镇。其次,特效影院运营前的要务便是挑选影片资源。温泉小镇利用武义推进影视产业发展的政策和奖励机制,注重挖掘地方文化资源,加快自主拍片的步伐,以精、短、快拍摄温泉小镇宣传招商、科教、文艺的相关内容影片,尽最大可能争取国内同行对温泉小镇文化旅游和养生修身好处所的认同。通过博物馆特效影院与社会资源的共同努力,创新温泉小镇资源运行模式,从根本上打破原有招商和经营思维方式,以文化产业推动旅游业和投资业良性互动,形成新一轮温泉小镇快速优质发展浪潮。特效影院适合环境类的仿真展示,使进入空间的人们犹如真实地处于过去或未来的城市、公园、荒漠等各种场景,身临其境地体验着过去与未来的环境、生活等。360度环幕影院可真实地模拟城市、街道、花园等自然环境,使观众有身临其境的体验感,适合大型的环境仿真展示,视听、触觉效果好。

(二)突破创新,拓展空间

大力推进温泉小镇经济社会发展规划、城市发展规划和产业发展规划"多规合一",合理布局产业空间、城镇空间和生态空间,真正实现文化旅游产业区发展"共绘一张图"。武义每年举办温泉节和国际养生博览会,随着公众对温泉养生的不断认同,人们精神文化水平的提高,武义山水、古村、民俗类影视行业也是蓬勃发展。特效影院可以借此实现商业化运作,或者在发生重大活动事件时对外开放,实施高清视频直播;球幕影院可以在天文天象上下功夫,如天文现象的模拟阐释、连线天文台、大型天文现象的实时观测等;4D、7D影院则可实施合作放映等。从武义节庆活动文化转入深层次温泉养生产业合作,以博物馆特效影院为平台宣传武义节庆活动文化资源,让特效影院走入更多百姓和外来游客中,让人人都成为武义旅游文化的营销和推荐者。多媒体展陈的成功实现应基于对"科技、艺术、文化"的深刻理解,融合环境、内容所形成的氛围,淋漓尽致地表现文物所表征的文化的面貌与进程,满足观众对展览体验、探索、猎奇的诉求。

(三)拓展潜能,植入产业

武义温泉小镇后续开发宣传和营销中,可将特效影院作为产业融合的特殊形式载体,凭借政府强有力的支持,推进温泉小镇优质项目获得投资,顺利运行,形成有山有水有人文,产业功能、文化功能、旅游功能和社区功能高度融合,让人愿意留下来创业和生活的特色小镇。发掘文化功能,要把文化基因植入产业发展全过程,培育创新文化、历史文化、农耕文化、山水文化。同时,夯实社区功能。建立"小镇客厅",提供公共服务 App,推进数字化管理全覆盖,完善医疗、教育和休闲设施,实现"公共服务不出小镇"。在各景区观看多层次体验式的特效影片,对于观众而言,直接的感受是新奇而深刻,这也是多媒体展陈项目内容最直观的效果。只有对温泉小镇的项目内容具有深刻的文化理解,才能充分发挥设计人员的艺术创意,综合分析影响植入产业的各类外部因素,才能使多媒体展陈项目内容和植入产业相得益彰地融合在一起,促进大众的创业和创新思考实践。

向大众传递温泉小镇的项目内容发展过程中的信息,启迪对未来社会发展方向的思路,提升大众的素质修养,促进社会和谐发展是多媒体展陈项目内容重要的社会效益。同时,多媒体展陈项目内容不仅能加强展示的效果,还能调动观众参与的兴趣,构建良好的盈利平台。

(四)开发共赢,创立品牌

通过制订温泉小镇相关奖励性政策,一边引进社会各界有志人士投资兴业,一边吸引众多旅客在游玩中认识温泉小镇产业资源。邀请影视圈人士给不同旅游项目制作相关的影视片,丰富旅游内容,让旅客感受温泉小镇的文化魅力。通过与大专院校和当地学校的合作,定期进行文化与旅游产业融合专题放映,开展特效影片宣传活动。提升温泉小镇的人气及影响力,从而达到扩大科普和文旅产业融合宣传的目的。

目前国内温泉小镇具有垄断性优势,但硬件上基本大同小异,主要在于生态资源和地域文化上的差别。在新温泉博物馆效应年久褪去后,要想持久吸引观众,开展科学宣教工作,就需要打造特色性的活动,形成自己的品牌。在特效影视领域,可以联合外部各个文化旅游单位和企业的力量,举办温泉小镇电影节、微电影节、电影主题露营等活动,设立电影俱乐部,同时开设互动性的节目,开办小型演唱会,邀请电影名人加入电影俱乐部,还可以创新便民性举措,如自助售票、微信验证取票等。将观众纳入特效影院的日常运作中来,逐渐形成自身特色。

　　通过温泉小镇推出元素统一、贯穿各个环节的代言形象,逐步创立温泉博物馆自有品牌,开发涉及纪念、知识、趣味、游戏类的文化产品。拓展营收空间,利用多媒体技术、网络技术、自动化控制技术,包装、管理各类公共空间,树立形象、创立品牌,带动衍生产品的开发,构建娱乐休闲空间,形成新型的市民高层次休闲娱乐场所。

　　总之,温泉小镇是一个转型升级小城镇发展的高级形态,一般由中心区块以及联系紧密、功能互补的产业构成共同体。空间形态为组团式区块。温泉小镇发展团队以温泉博物馆为坐标点,以特效影视为着力点,以文化旅游产业融合为引爆点,积极工作,主动对接产业,不断开拓创新,在完成温泉特效影视宣传普及的基础上,通过开展各项活动、提升人气、打造品牌,保证科普场馆的活力,满足人们日益增加的精神文化需求,不负公众与社会的期望,为文化与旅游产业融合发展提供支持,努力建设高质量发展的重要增长极。

参考文献

[1] 张子康,罗怡,李海若.文化造城:当代博物馆与文化创意产业及城市发展
　　[M].桂林:广西师范大学出版社,2011.

[2] 浙江城建园林设计院.温泉博物馆与城市发展规划,2016.

[3] 浙江远见旅游规划设计院.武义县温泉度假区发展规划(2015~2020).

博物馆 4D 影院可持续发展的对策

郑为贵

（中国湿地博物馆）

【摘　要】4D影院独特的电影展示手段不仅可以给观众营造全新的参观体验，而且发挥着重要的科普教育功能，深受观众的喜爱，因而4D影院也越来越受到国内众多博物馆的青睐，但其中部分4D影院的运营状况堪忧，存在影片更新缓慢和经营管理落后等问题，严重影响博物馆4D影院的可持续发展。本文针对博物馆4D影院运营中存在的问题提出了可行的对策，这些对策可以有效优化4D影院运营状况，促进博物馆4D影院可持续发展。

【关键词】4D影院　影片更新　经营管理　可持续发展　对策

一、引言

现代科技日新月异，特效影院的形式也越来越多样，有球幕影院、巨幕影院、4D影院、3D动感影院、穹幕影院等。其中尤以4D影院的应用范围最为广泛，已越来越多地出现在博物馆、科技馆、纪念馆、艺术馆、水族馆等主题内容阐释机构的展示设计中，给观众营造了全新的参观体验。4D影院作为科普教育的一种新型重要载体，已基本成为众多博物馆建设的标配，深受观众和游客的喜爱。4D影院在引导公众探索科学奥秘、提高公民科学素质和推动科普教育事业的发展等方面发挥了不可替代的重要作用。因此，研究如何让博物馆4D影院走出运营和管理的困境，推动4D影院可持续发展，以持续发挥4D影院的科普教育功能，具有十分重要的意义。

笔者参观了国内很多博物馆的 4D 影院,并与这些博物馆的同人进行了深入广泛的交流,发现当前国内有相当数量的博物馆 4D 影院在运营几年后,随着受众覆盖面的不断扩大,潜在观看电影的受众群体进一步萎缩,出现观众流量下降的现象,潜藏着的如影片更新缓慢和经营管理落后等问题都逐渐暴露出来。这些问题的出现严重影响博物馆 4D 影院的可持续发展,本文就影片更新缓慢和经营管理落后问题分别阐述相应对策。

二、影片更新缓慢问题解决对策

据调查,国内大部分博物馆 4D 影院运营中都遇到这样的问题:4D 影院开放后数年一直靠影院建设时期拍摄的一部电影或购买的几部电影"闯天下",导致观众无法对影片进行多样性的选择,单一的影片资源难以满足多元的观众需求。影片更新缓慢直接导致观影的公众越来越少,成为制约博物馆 4D 影院可持续发展的因素之一。

我们可以采取推动 4D 行业标准化、开源节流换新片、完善相关配套政策和创新 4D 电影分账模式等方法来提高影片更新速度。

(一)推动 4D 行业标准化

虽然目前国内外 4D 电影片源是比较丰富的,但由于我国至今没有统一的 4D 影院建设标准,不同的 4D 影院建设商提供各具特色的非标准化影院设备,其控制系统和影片格式也各不相同,所以影院可选择放映的影片很少。建议由国家新闻出版广电总局电影局牵头组织制订科学合理的 4D 行业标准和规范,指导博物馆 4D 影院建设,规范行业发展,引导各 4D 影院建设商都采用标准化的影院设备。本文就 4D 影院屏幕、电影服务器、特效控制系统和 3D 放映技术选型标准简要谈一些建议。

1.4D 影院屏幕

4D 影院按屏幕形状不同可以分为平幕、环幕(120 度、150 度、180 度、240 度等)和球幕 4D 影院,其中平幕 4D 影院数量最多。不可否认,环幕和球幕 4D 影院在影片沉浸感和视觉冲击力方面比平幕 4D 影院有优势,但它们都存在前期投入和后期维护的成本要稍高,影片不利于相互交流,影片库数量相对有限等问题。新建的 4D 影院宜采用平幕,4D 平幕影院不但建设和维护成本低,而且可以采用大坡度影院座的设计,无论观众在哪个角度,都能拥有完全"无障碍"的视野。最重要的是,4D 平幕影片有利于相互交流,具有更丰富的影片库,影片更新更快。

2.电影服务器

4D 影院的电影服务器应选用符合 DCI《数字影院技术规范》的标准数字电影服务器。目前市场上的高端数字电影放映机大多采用德州仪器厂的 2KDMD 芯片,但是与数字电影服务器的配套兼容都不尽如人意。针对这一点,可以选择跟 Barco 结为全球合作伙伴的 GDC 数字服务器,不但可以有效提高数字影片的兼容性,而且也为 4D 影院将来与商业院线合作提供了便利。

3.特效控制系统

各 4D 影院建设商应提供特效控制系统通用源码及通用技术,提供用户操作界面,并确保对第三方影片具有高兼容性,用户可根据剧情的需要,灵活改变特技控制时序以及特技表演的时间长度,以适配不同的视觉效果及感官效果。

4.3D 放映技术选型标准

4D 影院的 3D 放映技术目前主要有主动快门式、单机偏振式和双机偏振式。其中采用双机偏振放映需要注意的是,由于立体电影的特殊性质,影片经过分光后亮度会降低超过 50%,因此要求使用高增益系数的金属银幕。但偏振眼镜的价格较低,运营成本低,光利用率相对比其他立体放映技术高(约 38%),双机偏振也因此成为目前比较流行的 3D 放映方式。

(二)开源节流换新片

博物馆可以采取场馆交换影片、联合采购影片和馆企合作等开源节流方式来以较低成本引进新片,丰富影片资源,大大缩短观众观看新片的周期。用有限的政府资金为公众寻找更多更好的科普教育影视资源,成功地实现科普资源增值。

1.场馆交换影片

同类 4D 格式的博物馆联合起来相互交换影片,共享影片,丰富片源,这是最节省人力、物力和财力的更换新片办法,但有两个问题值得关注:一是为了避免产生不必要的法律纠纷,交换的 4D 影片版权一定要属于交换的场馆所有;二是部分博物馆自己出资拍摄的 4D 影片都与本场馆展示主题相吻合,其内容具有非常强的针对性,交换影片之前应考虑所换影片内容是否符合场馆主题定位,避免出现"张冠李戴"现象。值得一提的是,黑龙江省科技馆与东莞科技馆曾经互相交换放映影片,是实施资源共享的成功范例。

2. 联合采购影片

博物馆联合起来组成谈判小组与片商谈判议价,确定影片价格后,有购买意愿的场馆分别与片商签署协议,可以发挥规模优势,降低片租,提高资金使用效率,缩短新片更换周期。国内这方面做得比较好的有 870 影院协作组(球幕)和中国自然科学博物馆协会博物馆特效影院专委会(以下简称"特效影院专委会")。这里特别值得一提的是,特效影院专委会本着资源共享、互惠互利、共同发展的原则于 2014 年 12 月组织了 9 家博物馆对 9 家片商的 16 部 4D 影片进行了联合采购,达到了性价比的最大化。

3. 馆企合作

博物馆与片商合作,采取分成的形式,不断更新影片资源,降低片租成本,实现双赢,使有限的资源发挥最大的科普效益。例如,中国湿地博物馆就与浙江中南卡通股份有限公司于 2015 年 8 月份采取票价分成合作的形式在中国湿地博物馆 4D 影院连续推出 9 部 4D 新片供观众观看,实现了经济效益和社会效益双丰收。

(三)完善相关配套政策

首先,由于我国暂时还没有国家或地方的上级政策对博物馆每年影院影片更新和资金使用给出规范标准和支持意见,各博物馆只能自行争取,经费有限。这些问题需要从国家政策层面来解决,必须得到中国科协和国家新闻出版广电总局的支持,对博物馆每年影片更新资金给出规范标准和倾斜政策,保证博物馆每年都能有足够的经费来更换新片。

其次,国内博物馆大多是使用财政资金,而财政资金使用程序越来越严格,购买或租赁影片必须进行政府采购,程序复杂,耗时长。如 2014 年,中国湿地博物馆采购总金额 42 万元的影院灯泡和影片,经向财政部门专题报告申请单一来源采购形式、聘请专家进行评审、招标谈判等一系列程序,历时 6 个多月才完成采购任务。为了减少影片项目的重复招标,方便博物馆采购影片,降低采购成本,提高采购效率,可以由国家新闻出版广电总局电影局牵头组织 4D 影片项目采购,通过一次统一的公开招标择优定价格(优惠比例)、定服务、定期限和定片商,并以签订协议的形式加以确定。在协议约定的时期内,各博物馆采购协议范围内的影片时,可以直接向中标的片商按协议价购买,缩短采购影片的时间。

(四)创新 4D 电影分账模式

公益性的博物馆在选片问题上会相对注重科教影片,但目前博物馆 4D 影院还没有建立起票房体系,4D 影片制作公司只是一次性将影片卖给 4D 影院,未参与票房分账,缺乏组建 4D 电影制作团队的动力,造成目前市场上具有宣传教育意义的科教影片资源少。首先,4D 产业的发展需要借鉴商业电影院线的成功经验,对现有的运营模式进行优化。创新 4D 电影分账模式应当以市场为导向,从无到有,逐步增加 4D 电影制作方和发行方在票房中所占比例,可以从 15％左右起步,逐步增加并稳定在 30％左右,对于部分内容精良、形式新颖且市场预期好的电影可以增加至 50％左右。其次,要建立电子化票务系统,逐步实现网络化,强化行业监督,加大处罚力度,杜绝影院方篡改票房的现象发生。最后,在现有的市场环境下,应鼓励院线参股 4D 电影制作团队,并与其团队建立灵活的分账和激励成长体系。只有改革 4D 电影的分账模式,才能保障 4D 电影公司获得更多的利润,激励它们相互竞争、不断推陈出新,制作出更多更好的 4D 电影,丰富 4D 电影库资源。[1]

三、经营管理落后问题解决对策

4D 影院作为科普教育的一种新型载体,其运营管理方法还处在探索期,很多博物馆的经营管理落于老套,存在日常管理不规范和业务发展缺乏创新性等问题。虽然博物馆不以追求经济效益为主,但投入大、成本高、经济效益低却严重制约着各地博物馆的可持续发展。要做好博物馆的 4D 影院经营管理工作,就要以创新求发展,应在完善管理和业务创新等方面下功夫,不断提高 4D 影院经营管理水平,以充分持续发挥博物馆 4D 影院的科普教育功能。

(一)完善管理

可以从体制创新、人员管理、维修管理和场次管理等方面着手完善 4D 影院的管理,向管理要效率和效益。

1. 体制创新

我国博物馆基本都是政府事业单位,在政策制订、人员管理、人事关系及组织运营等方面都具有很强的行政色彩,这种管理模式直接导致博物馆内部因市场化不足而缺少发展动力。对于博物馆,应在坚持公益性主体不变的同时引入市场机制,在现有管理体制的框架下,成立影院事业部,全面实行企业化管理,单独负责影院的运营和维护。4D 影片采购、维修保障、财务管理、票制票价、市场推广及业务创新等业务都应从相关业务部门划出,并入影院事业部。

2. 人员管理

好的放映设备应有技术全面、职业素质高的放映员来操作放映,使其发挥出应有的作用,这样观众在观看影片的过程中才会心情愉悦。所以很有必要对放映员从理论到实践进行系统培训。理论知识提高是基础,培养动手能力是关键,在设备厂家安装调试时,鼓励放映员动手配合技术人员,在资金许可的前提下,组织放映员赴厂家学习,各馆影院之间交流学习,定期选派放映员到其他影院学习,这方面 870 影院协作组做了榜样。资源备件共享,一家出故障,全体协作组技术人员一起来解决。在加强技术培训的同时也要加强教育管理,重点是培养放映员良好的职业道德和思想作风,不断强化其爱岗敬业意识和服务意识,高标准地做好本职工作。[2]

3. 维修管理

影院的设备主要是电子产品和机械设备,有一定的生命周期,必须建立长效的维修保养制度。上海科技馆采用的"日检""周检"和"月保养"三级保养制度就是比较好的保养制度,该制度可以有效延长设备的使用寿命,降低维保费用和运行成本,确保放映设备的完好率。另外可以在相同格式影院之间建立4D 影院互助协作联盟,推进维修技术资源共享,促进同行相互学习和切磋难题,取长补短,交流经验。影院互助协作联盟可以与设备服务厂商集体签订维修保养协议,降低各场馆的维修成本。

4.场次管理

根据游客参观流量规律合理安排放映场次,例如节假日或举办活动日可以适当加场播放;制订最低观影人数标准并严格执行,避免因只有一两个人购票放映导致极大资源浪费,从而更好地利用资源,降低成本,实现效益最大化。

(二)业务创新

针对当前我国 4D 影院运营现状及业务创新性不够的问题,着眼于 4D 影院的可持续发展,必须对现有的简单"坐等"门票的运营模式进行创新。一方面应加强与本地商业院线和商业影院的合作,努力提升 4D 影院的经济效益和社会效益;另一方面可以通过策划常规展览、专题展览和科普活动等来配合 4D 电影。

(1)加强与商业院线和商业影院的合作,努力提升 4D 影院的经济效益和社会效益。一方面,博物馆 4D 影院应尝试加入本地商业院线,白天播放科普 4D 影片,晚上按商业院线排片播放商业片,如此可以有效提高 4D 影院设备的使用效率,增加 4D 影院收入。中国科技馆的 4D 影院和巨幕影院都与保利院线合作,每天下午 5 点左右开始播放院线商业影片,按每场电影 2 小时计算,一般每晚可以播放 3—4 场电影,是博物馆与商业院线合作的成功范例。另一方面,博物馆还可以与附近商业影院采用电影票价分成合作的形式在商业影院内部增设 4D 影厅,由商业影院提供放映设备和场地,由博物馆提供 4D 影片及特效技术支持,把 4D 影厅作为商业影院的补充,以每个商业影院建 1—2 个不同规模 4D 影厅的形式,将现有的 4D 影片纳入现有商业影院运营体系。

据调查,观众不管是临时去影院购票还是事先查好了排片场次,甚至预订好了座位,往往都会选择提前 20 分钟左右到达影院。基于上述现状,在观众等候的时间里,如果安排 1—2 个 4D 影厅,在影院普通厅的各场次间灵活排片播映,定能取得不错的效果。首先,商业电影院一般坐落在人流量大的地区,并有大量的观影人群,这些为 4D 影院提供了观众群体保障;其次,4D 电影时间短,场次安排灵活,一场 4D 电影的放映时间一般为 8—15 分钟,可以有效利用观众等候的时间。此外,4D 影厅的售票可以与其他影厅的售票巧妙搭配、有机组合,形成更有吸引力的强力促销活动,达到双赢。

(2)通过策划常规展览、专题展览和科普活动等来配合 4D 电影,它们之间能够起到相辅相成、相得益彰的效果。影展结合不但可以提高公众观看 4D 电影的兴趣,公众还可以通过展览提升获取科普知识的深度和广度。

首先,与常规展览相结合:我们常常会看到观众在展厅参观科普展项,动手体验科普模型,之后又去观看 4D 电影,也会看到观众在观看 4D 电影之后来到展厅参观和体验展项展品。这种交互双向的学习和体验尤其对青少年来说是非常有益和有趣的,他们既观看了科普电影,又锻炼了动手能力,学习了书本之外的知识。将常规展览与 4D 电影结合起来,两者能够互相促进,更好地实现影院科普教育功能。

其次,与专题展览相结合:利用新电影引进的良好契机,开展专题性展览,对提高公众观看新电影的兴趣、丰富观众的科普知识有很大的帮助,观众既观看了电影,又参观了与电影相关的展览,在电影里获得的知识和信息通过图文并茂的专题展览得到了补充和延伸,公众的科学素质也就在这种潜移默化的过程中提高了。例如,上海科技馆 2007 年暑期精心挑选了《恐龙归来》这部影片与热门专题展览“恐龙化石展”同时推出,《恐龙归来》也让巨幕影院刷新了票房纪录,连续放映 331 场,更出现了史无前例的 19 场满场。事实证明,这种将科普展览与科学资源紧密结合、打包营销的尝试取得了很大的成功。[3]

最后,与科普活动相结合:将电影与科普活动结合起来,两者之间将会产生拓展、互补的效果,使教育更有系统性和连贯性。科普活动的形式有很多种,例如可以在节假日期间根据影片内容设计知识展板,开展影片知识竞答活动,使影片科学内涵有限延伸;还可以通过举办电影免费活动周来提高影院活力,把多部影片集中起来在限定的时间放映来吸引观众,培养他们对 4D 电影的兴趣,并通过他们传播新电影的放映消息,达到广而告之、吸引更多公众前来观看 4D 电影的效果。

四、结束语

博物馆 4D 影院作为一种独特的新型科普教育形式,在引导公众探索科学奥秘、提高公民科学素质和推动科普教育事业的发展等方面发挥了不可替代的重要作用。广大科普工作者应共同努力,进一步推进博物馆 4D 影院的可持续发展,不断创新发展影院运营管理模式和方法,充分发挥 4D 影院在科普教育中的积极作用。

参考文献

[1] 王超,彭万荣.当前我国 4D 影院的运营现状与对策[J].中国电影市场, 2014(12):15-19.

[2] 马世恩.浅谈科技馆 4D 影院建设[C]//中国自然科学博物馆协会.西部科 普场馆建设与发展——中国科协 2005 年学术年会论文集.太原:山西省新 闻出版局,2005:25-29.

[3] 吴文忠.创新科普内容形式 打造科技馆科学影城品牌[J].科技传播,2011 (4):7-8.

湿地博物馆的可持续发展

张宇迪

（辽宁省康平县卧龙湖生态区管理局）

【摘　要】湿地、森林与海洋并称地球三大生态系统，同时湿地又被誉为"地球之肾"。卧龙湖湿地博物馆是一座集收藏、展示、宣教、娱乐、会议功能于一体的地区专业性博物馆，通过普及湿地知识，展示丰富多彩的湿地及其生态系统功能，探索湿地奥秘，剖析湿地面临的问题和威胁，介绍全球湿地保护行动及成就，尤其是卧龙湖湿地保护和恢复的成就，向公众展示卧龙湖的湿地之美，倡导尊重自然，人与自然和谐发展的理念。湿地博物馆的可持续发展就是需要打破常规，深入地与教育、旅游、文化、服务业等产业相融合，将传统的博物馆模式进行包装，搭建多元化的平台，使湿地博物馆的自身价值得到发挥和体现。湿地博物馆的可持续发展有力地推动了湿地科普教育和生态旅游的发展和繁荣，为教育事业的发展和生态环境的改善乃至地区经济的腾飞做出了不可磨灭的贡献。

【关键词】可持续发展　科普教育基地　生态旅游　多元化

湿地是地球上水陆相互作用形成的独特生态系统，是重要的生存环境和自然界最富生物多样性的景观之一，在抵御洪水、调节径流、补充地下水、改善气候、控制污染、美化环境和维护地区生态平衡等方面有着其他系统不能替代的作用，湿地因此与森林、海洋并称地球三大生态系统，同时湿地又被誉为"地球之肾"。如何让公众了解湿地、关注湿地并且保护湿地，湿地博物馆起着至关重要的作用。如何更好地发挥湿地博物馆的作用，使其在科普宣教、旅游观光等方面更好地为地区教育和经济服务,成为当前湿地博物馆可持续发展的重大研究课题。

一、卧龙湖湿地博物馆概况

当前,生物多样性保护已经上升为国家战略,2013 年 9 月 7 日,国家主席习近平在哈萨克斯坦纳扎尔巴耶夫大学发表演讲并回答学生们提出的问题。在谈到环境保护问题时他指出:"我们既要绿水青山,也要金山银山。宁要绿水青山,不要金山银山,而且绿水青山就是金山银山。"这生动形象地表达了我们党和政府大力推进生态文明建设的鲜明态度和坚定决心。作为辽宁省内最大的平原淡水湖,卧龙湖植被茂盛,自然资源丰富,草甸、滩涂、沼泽、湖面构成了典型的湖泊湿地生态系统。近年来,卧龙湖生态区管理局在中央及地方各级政府的资金支持下,积极开展生态修复和生物多样性保护工程,同时利用法国开发署贷款,建设了一座用于科普宣传教育的湿地博物馆。该馆建筑面积 2800 平方米,是一座集收藏、展示、宣教、娱乐、会议功能于一体的地区专业性博物馆。湿地科普展览部分分为三个展厅:卧龙湖展厅、湿地景观展厅、人类活动展厅。通过动植物标本展示、声光电等高科技的协调运用,生动地展现了卧龙湖湿地完整的生态系统、丰富的动植物群落以及栖息的珍稀濒危物种。

二、湿地博物馆与教育结合

众所周知,博物馆的主要功能是教育。湿地博物馆的主要功能就是通过动植物标本、景观、互动、特效等多元化手段,向人们展示湿地的秀丽自然景观和丰富的生物资源,使更多的公众了解湿地、走进湿地、认识湿地,从而普及湿地知识,激发公众爱护湿地、保护湿地的积极性和主动性。

卧龙湖湿地面积 6646 公顷,为沈阳地区乃至辽宁省内最大的一块永久性湖泊湿地。湿地博物馆的兴建为整个湿地营造了浓厚的文化氛围,为打造地区湿地科普教育基地奠定了坚实的基础。为了使科普教育基地能够得到长足发展,湿地博物馆需要采取多种措施积极开展科普教育活动。

(一)科普教育走进课堂

联合教育主管部门,将湿地科普知识教育纳入中小学课程,同时根据季节变化和听课对象的不同制订详细的年度湿地科普教育计划,通过多媒体手段、动植物标本展示及课上互动等丰富多彩的授课形式开展湿地知识普及教育,让湿地科普教育活动真正地走进课堂,让更多的孩子认识、了解湿地。

(二)打造湿地科普教育基地

与中小学校密切合作,定期组织中小学生游览湿地、参观湿地博物馆,不定期地开展面向中小学生的湿地鸟类知识讲座、湿地书画展、湿地文化征文等有特色的专题活动。在更多地融入校园文化的同时,充分发挥湿地博物馆的优势,通过博物馆内多元化的体验手段,让孩子们亲身感受到湿地的巨大作用,将湿地博物馆打造成有鲜明特色的地区科普教育实训基地,让湿地博物馆成为全日制教育的辅助力量。

(三)建立网络湿地博物馆

在网络化、信息化水平不断提高的年代,多媒体教育也在飞速发展,公众了解湿地、体验湿地博物馆的方式已经不仅仅局限于现场的游览与参观,通过门户网站、微信、微博等基础网络平台进行浏览也必不可少。在这种大的科技背景下,网络湿地博物馆悄悄兴起,同时它也扮演着"流动博物馆"的角色,时刻相随,反复聆听,走进千家万户,成为"24 小时不闭馆"的湿地教育平台。要让更多的公众浏览网络湿地博物馆,就需要将网络平台建设得更有特色,将湿地自然风光、生态旅游文化、生物多样性保护等特色项目与网络湿地博物馆有机结合。生动的图文、影像和有趣的互动游戏以及专业的鸟类知识讲座等栏目的设置,使网络浏览变得更加丰富多彩,使博物馆教育不再单一古板,吸引更多的公众关注湿地,打造线上的湿地科普教育基地。

(四)举办科普知识夏令营活动

让假期里的孩子放下手中的电脑与手机,做到既能学习又能玩耍,夏令营是再好不过的选择。湿地博物馆可以依托得天独厚的自身资源优势,举办多期"走进湿地 探索自然"青少年科普夏令营活动,内容可以涵盖自然科学、鸟类知识等科普讲座,湿地参观,动植物标本制作,葡萄采摘,真人 CS 等各类活动,做到寓教于乐,快乐学习。力求将夏令营活动打造成湿地博物馆的品牌活动。

三、湿地博物馆的多元化发展

现代社会,随着生态旅游的兴起,湿地以其原生态的生物美景成为旅游爱好者的首选,因此,湿地又被赋予了另一个使命——旅游观光。湿地博物馆的兴建更是为湿地旅游项目增加了一个新的亮点。

湿地博物馆的可持续发展,需要与旅游、文化、生态等诸多产业相结合,走多元化发展的道路。其中,旅游业作为第三产业的支柱行业,成为许多地区经济发展中新的增长点,越来越受到人们的重视。作为生态旅游的重要组成部分,湿地博物馆的作用不容小觑;作为生态旅游行业的一颗新星,湿地博物馆成为旅游与文化产业相结合的纽带。

(一)打造生态旅游文化品牌

卧龙湖湿地所在地区正在被着力打造成生态旅游示范区,未来,旅游产业将成为这里的支柱产业,因此将湿地博物馆纳入地区生态旅游线路上的一环十分重要。湿地博物馆利用自身的地理和空间优势,着力将博物馆打造成集景区导览、游客接待等功能于一体的生态旅游服务中心,将其建设成为地区旅游的标志性景点,突出特色旅游的同时全力打造生态旅游文化品牌,将湿地博物馆乃至整个地区的生态旅游推向更大的市场。

(二)多元结合走市场化道路

湿地博物馆的可持续发展离不开财政投入支持,也需要依靠自身资源积极创收来保证博物馆的良性发展。作为生态旅游的景点之一,门票收入自然是博物馆主要的收入来源。除了门票收入以外,博物馆还可以以地区文化和湿地文化等为背景,开设土特产商店售卖地方特色产品,积极开发包括书籍、服装、玩具、纪念品等在内的一系列生态旅游衍生产品。走市场化道路实现创收多元化,不但可以起到扩大宣传的作用,而且能够成为旅游文化品牌的一部分。

(三)积极探索新的发展模式

湿地博物馆的发展要打破传统观念,积极探索新的发展模式,在谋求地区发展的同时,跳出地区束缚,实施"走出去"战略,主动和与自然生态等相关的科研机构及各大专业院校联系,谋求合作,走馆校结合的发展模式。依托科研院校强大的人才和专业技术储备,定期开展相关学术讲座和技术支持。同时,湿地博物馆可以作为科研院校的实训研究基地,为科学研究和人才培养提供基地保障,从而实现湿地博物馆与科研院校的同步发展。

卧龙湖湿地物种资源丰富,自然环境优美,为社会各界旅游观光、休闲度假等提供了理想场所,同时还能满足人们进行艺术创作、丰富文化生活等需求。对于激发群众热爱祖国、热爱自然的热情,树立高尚的生态文明观,增强生态环境保护意识,促进两个文明建设,起到了积极的促进作用。通过自然保护区湿地博物馆的建设,还可让公众了解保护湿地生态系统及旅游资源的重大意义,形成由被动参与保护生态环境变成主动参与保护生态环境的新风尚,为自然保护区的可持续发展提供良好的条件。

作为科普教育和生态旅游的重要组成部分,湿地博物馆肩负着向公众传播湿地科普知识,引领地区湿地文化发展,将湿地保护成果推向全国、推向世界的重任。湿地博物馆的可持续发展就是需要打破常规,深入地与教育、旅游、文化、服务业等产业相融合,将传统的博物馆模式进行包装,搭建多元化的平台,使湿地博物馆的自身价值得到发挥和体现。湿地博物馆的可持续发展有力地促进了湿地科普教育和生态旅游的发展和繁荣,为教育事业的发展和生态环境的改善乃至地区经济的腾飞做出了不可磨灭的贡献。

博物馆跨界融合

华兴宏

（安徽宁国市自然博物馆）

【摘　要】伴随着时代的发展，人们的社会生活日益丰富。时尚业、旅游业等新兴产业也正逐渐兴起，试图融入人们的生活。而博物馆作为承载和传播过去、现在和将来的自然物证及环境信息的宣传教育服务机构，进行跨界融合是博物馆在目前形势下发展的一个契机。将文化创意和时尚业与博物馆结合，将服务业和旅游业与博物馆结合，建立传统文化与新兴产业之间的联系，搭建优势互补、资源共享、互通有无的桥梁，不仅体现了博物馆功能的多样性，也推动了博物馆和相关产业的发展。这种跨界融合，就是让博物馆更好地适应社会和承担更多的社会责任。

【关键词】博物馆　文化传播　跨界　融合

一、引言

随着社会经济的发展和人们精神需求的增加，博物馆已经从传统的典藏与研究场所转变为现代化的文化信息传播媒介。2007 年，国际博协将博物馆定义为"一个为社会及其发展服务的、非营利的常设机构，向公众开放，为研究、教育、欣赏之目的征集、保护、研究、传播、展示人类及人类环境的有形遗产和无形遗产"。定义明确提出了传播是博物馆的主要职能之一。由于新媒体的大量涌现以及新兴产业的蓬勃兴起，博物馆在前进路上"单打独斗"已不能适应时代的潮流。为此，博物馆与其他相关产业跨界融合已成为一种必然的趋势。

二、跨界融合的必要性

(一)技术革命引领行业融合

自 1905 年张謇创办了我国最早的博物馆——南通博物苑以来,我国博物馆事业的发展已历经百年。从最初的以典藏与研究为主要目的,逐渐转变成后来的"面向公众开放的非营利性机构",传播文化信息成了博物馆的主要目标。在传播过程中,观众既是受传者,又是检验传播效果的重要反馈者。他们希望在博物馆有限的体验中获得自身需求的满足和自我肯定。而随着社会文化生活的日益丰富,大众已经不再满足于充当单纯的接受者,希望获得的是多方面、全方位的感官体验。展览品作为文化的载体固然重要,但对于它的讲解技巧和陈设要求,同样影响着文化信息的传递。新颖灵活的解说,别具一格的室内设计和展品摆放,都需要与先进的、新颖的文化创意相结合,需要设计人员的专业素养。而博物馆作为传统经典文化的体现,需要改变从前惯有的单一模式。当前,新一轮科技革命蓄势待发。技术、信息、资本等生产要素跨国界、跨区域流动日益频繁,这为世界经济和文化发展创造了新的机遇,也为博物馆的跨界融合注入了新的血液。其将进一步改变博物馆跨界融合创新发展的方式和速度,也将受到国内外的广泛关注。为此,我们要抓住这一机遇,抢占博物馆的跨界融合创新制高点,推动我国相关产业的跨界大融合。

(二)新的市场需求推动产业跨界

现代国民经济的迅速发展,促进了旅游业、服务业、时尚业等第三产业的蓬勃兴起。而它们的蓬勃兴起也推动了博物馆改革前进的步伐。如旅游业,现在的旅游市场已经逐步走进人们的生活,"五一节""十一黄金周"的出现,都充分体现了人们对于走出现有工作、生活的紧张局面进行旅游、休闲的追求。而随着生活水平的提高,人们对精神层面的追求也逐渐提升。旅游产业为满足人们追求精神生活的需要,已经和交通运输业、餐饮业等产业进行了有机的融合,提供了简捷、便利的一条龙服务。其他产业也不甘落后,都在争先恐后地进行跨界大融合,尽最大努力去满足人们物质文化和精神文化的需求。博物馆也应趁此东风,抓住机遇,利用与相关产业跨界融合带来的优势、经验,取长补短,加快博物馆跨界融合步伐,以便更好地适应现今社会的发展形势。

三、跨界融合的特点

(一)多元化

与相关产业的迅速跨界融合,迫使博物馆不可能再以单一的传统模式呈现在世人面前。旅游、文教创新赋予了博物馆传统文化新的生命,这就促使博物馆必须以文化、教育、休闲、娱乐等多元化的开放模式呈现,使各个年龄段、各个阶层、不同文化背景的人都能积极参与、乐于参与,成为多方位的文化受益者。

(二)趣味性

博物馆内休闲娱乐活动的开发,使前来参观的观众不仅仅是简单的知识接受者,更是文化的探索者和参与者。博物馆陈列展览需要对高科技应用做出细致的规划,对灯光、温控、电子媒体、虚拟显示等现代科技手段进行详细设计,充分考虑不同观众的心理需求和体验要求,使观众在馆内空间中通过各种直接或间接的现代科技手段,全方位体验博物馆所要传达的信息知识。同时要重视对展厅中现代气息浓重的高科技应用设备进行适当遮蔽与隐藏,实现"让博物馆享用无处不在的高科技,又像空气一样感觉不到它们的存在"。富有文化创意的实践活动令馆内展品多了一份趣味,让参观者多了一份好奇,他们会愿意通过亲身体验去探究展品背后隐藏的文化价值和魅力,从而感受到其中的乐趣。这也是博物馆跨界融合发展的宗旨和目的。

(三)与时俱进

在全球经济一体化的大背景下,各行各业都在进行着混业、融合的经营模式变革,这是现今的社会趋势,是时代进步的体现。博物馆管理者必须树立正确的发展观,树立博物馆良好的社会形象;要在丰富藏品和陈列设计、展览制作上下功夫,不断推出高质量、高品位的陈列展览;要树立开放观念,充分重视馆际横向联合与协作,实现资源共享,拓展博物馆的发展空间;要经常与媒体进行信息沟通交流,通过宣传扩大影响力。同时,应当积极将博物馆融入国民教育体系,设计相关教育活动,以物感人、以史育人、以文化人,使博物馆走向社会、走近民众。因此,跨界融合也成了博物馆适应社会发展、与时俱进的需要。

四、跨界融合的模式探讨

博物馆的性质决定了博物馆具有公益性特点。很多博物馆管理者把公益性视为博物馆进入市场的包袱和束缚。其实不然,博物馆公益性可以使博物馆具有良好的公众形象,获得更多的税收优惠,更容易进行公关宣传,更能直接和教育、环保、旅游等部门联系,开展合作。博物馆在与相关产业融合的同时,也应该避免出现千篇一律的"同质化"现象,应该有机融合、创造性融合、有效融合,为博物馆发展搭建合适的桥梁。

(一)有机融合

找准博物馆与相关产业的结合点,在这个结合点上展开创意设计并融合实践。就拿旅游业来说,中国的旅游市场正逐渐走向成熟,人们在旅游过程中对文化性休闲和知识性消费的需求迅速增加,很多文化旅游景点正在遭遇旅游产品"深度"开发不足的发展瓶颈。而对文物和文化的深入研究正是博物馆开发文化休闲旅游产品得天独厚的优势。博物馆的研究成果正是对藏品的历史、艺术、科技等领域的文化价值的深度挖掘,是提供深层次、高品位旅游产品的基础。所以,博物馆应该依托自身的文物和文化,在旅游商品的开发和经营上多下功夫。

(二)创造性融合

要在有机融合的基础上,进行富有创新性的实践,并能够形成独有的风格,获得独立的知识产权。博物馆所承载的文化是其真正的魅力所在。南京博物院副院长王奇志研究员曾发言反复强调"文创产品"一词,提出文创产品的开发不仅是博物馆文创产业的使命,也是推动文化传播与发展的重要力量:"研发出来的博物馆展品的衍生品让观众有一种想把博物馆带回家的欲望,使观众能够与他人分享、体验、感受、交流文化信息。文创产品的研发应着重发挥观众的创意与想象力。"而博物馆的参与性、娱乐性项目作为提高游客对文物的兴趣,进而入馆"体验"文化的手段,应该以文化主题为核心,与文化创意相结合。如果舍本逐末,单纯开发一些和博物馆本身没有任何关系的娱乐项目,结果会适得其反,很快陷入同质化竞争。

(三)有效融合

有效融合,不仅指要根据行业特点和需要进行融合,而且还要适应相关产业市场拓展的需求与可能。科普展示教育是博物馆的一项重要功能,也是博物馆对外的窗口。早在 20 世纪 50 年代,博物馆界就将博物馆功能归纳总结为"三性两务"。"三性"即博物馆具有研究、教育、收藏三重性质,"两务"即博物馆的两项基本任务,一是为科学研究服务,二是为广大人民服务。而博物馆与教育界的合作,可以达到双赢的效果。可以说,博物馆与高校之间有着互补的资源和优势。如博物馆的科普资源、收藏资源,高校的科研资源等,这些资源不仅为双方的合作提供了资源基础,同时也提供了新的领域和新的机遇。博物馆充分利用高校的科研力量、教育和学生资源,加强对博物馆藏品的研究和利用,同时吸引高校的学生走进博物馆,利用艺术类高校的资源拓展博物馆科普展览的展示理念和文化创意;各高校则充分利用博物馆藏品、空间和科普活动等合作开展科学研究,增加学生参与社会活动的机会,提高学生参与社会活动的能力。这样的有效融合,既可以使双方的资源得到充分利用,同时又进一步加强了文化的传播和交流,达到共赢的目的。

五、结束语

随着社会的发展和科技的进步,各个产业单打独斗已经难以满足新兴市场需求。从之前的传统行业纷纷涉足,到金融资本的大量涌入,再到互联网时代的新科技与文化产业的交织融合,跨界融合越来越呈现出多元化、立体化的格局。在跨界融合、混业经营成为大趋势的今天,国家和人民对博物馆的发展也愈来愈重视,而免费开放又使得博物馆和人民大众越走越近。为了使博物馆更好地适应社会,承担起传播文化的重任,跨界融合就成了博物馆迈向现代化的必经之路。

参考文献

[1] 马金香.浅析自然博物馆与高校及科研院所的合作——以天津自然博物馆为例[J].自然科学博物馆研究,2016(2):64-71.

多媒体展示在博物馆展览中的有效应用

——以中国湿地博物馆为例

郑为贵

（中国湿地博物馆）

【摘　要】多媒体展示的有效运用不仅能为博物馆展览增辉添彩,可以让博物馆展览形式更加多样,内容更加生动,而且可以让更多的参观者置身展览之中,给观众以更多的知识性、趣味性和参与性体验,是现代展览必不可少的手段。本文拟从中国湿地博物馆展览的具体做法入手,从多媒体展示的定位和规划的角度介绍并剖析如何让多媒体展示在博物馆展览中得到有效应用,以提高和深化博物馆的展览效果。

【关键词】多媒体展示　定位　规划　应用

众所周知,国内部分博物馆现在面临着继续采用传统手段进行展品展览已不能充分调动观众的参观热情的情况,逐渐陷入"门可罗雀"的窘境。造成这种现象的主要原因是传统展览形式过于单一,忽视了现代观众的主观能动性,观众很少有亲自参与互动体验的机会,这就直接导致观众没有兴趣入馆参观。[1]那么如何破解这一难题呢? 展览中引入多媒体展示已成为解决博物馆"人气淡"的最好途径之一,多媒体展示近年来已被广泛运用到了博物馆的各类展览中,提高和深化了博物馆的展览效果,对博物馆的可持续发展起到了很好的促进作用。

一、多媒体展示的定位

展览中多媒体展示的定位应是基于展览本身的需要和社会的需求,例如中国湿地博物馆在建馆布展时就面临着馆藏展品少、湿地知识专业性强、展示内容深奥枯燥等方面的困难。沿用历来博物馆"展柜、实物加说明牌"的传统展览手段显然是无法满足展览本身的需要和社会的需求的,为此,中国湿地博物馆在展览中积极引入了多媒体展示手段来满足这一需求。多媒体展示恰到好处的应用让中国湿地博物馆的展览成为一个立体的、全方位的展示,不但实现了从不同层面和角度来展示湿地主题知识,而且运用多媒体多样的展示手段和方法,极大地丰富了展览形式,更好地诠释了展览内容,对展览起到了提高与深化作用。

中国湿地博物馆展览以"湿地是人类文明和社会发展的物质与环境基础"为核心创意,基本陈列展厅主要有四个主题展厅:序厅、湿地与人类厅、中国湿地厅和西溪湿地厅。多媒体展示根据不同的展厅主题,将静态展示不能完整体现的内容,采用多媒体技术手段整合大量的信息,补充更多微小或动态的细节资料,再现展览中动植物标本的生活场景,服务于整体的展览主题和内容,不但分担了展示文物或标本的展板和展柜压力,也使展览的内容更加丰富、场景更加逼真,进而激起观众继续参观下去的兴趣。

二、多媒体展示的规划

多媒体展示规划的主要目的是让多媒体展示充分融合到整个展览中,多媒体展示规划的好坏直接影响其在展览中发挥的作用大小。如何有效地做好多媒体展示的前期规划,让多媒体展示为后期的展览"锦上添花",这里尤其要注意避免出现一味地追求"新奇特",滥用多媒体技术给展览造成"画蛇添足"的负面影响。总的来说,多媒体展示规划中需要统筹考虑项目预算、可行性分析、场景设计、展览内容及形式设计和展项稳定性等方面因素。

(一)项目预算

国内的博物馆基本都是国家或地方财政拨款建立的,项目预算往往也是固定的,制订多媒体具体项目预算时不能眉毛胡子一把抓,应有主次轻重之分,因为具体展项预算的多少直接决定了多媒体设备的选型和展示方案的制订,也会影响到后期的展示效果。比如要设计一个多媒体触摸互动展项,如果该展项的内容比较重要且预算充足,可以考虑设计成能更好地融入整个场景或布展中的异型多点触控展项,给观众带来更好的互动体验,更直观地获取知识;如果展示的内容比较简单或预算有限,可以考虑设计成规则形状的单点触控展项。[2]中国湿地博物馆在实践中就是根据展示内容的重要性来合理分配多媒体展示预算,对于展示内容比较重要且需要观众亲自参与的项目,我们会优先采用先进的能给观众带来较好的互动体验的多媒体设备,当然造价也不菲,例如多点触控屏、全息投影触摸屏、直径 3 米的数字内投球幕等,而对于展示内容比较简单且以音视频形式就能完整呈现的项目,我们则主要选用性价比较高的多媒体设备,例如电视机、触摸屏、投影仪等。

(二)可行性分析

根据预算数额确定好相应的多媒体展示方案后,需要结合现场布展环境对采用的多媒体展示方案可行性进行认真仔细的分析、论证,确保其可以达到预期设计的展示效果。这里需要注意的是,在做可行性分析时需要考虑的因素因使用的设备和使用的环境不同而不同,篇幅所限,这里不可能把所有的设备可行性分析一一列举,下面仅以投影设备和音频设备的可行性分析为例进行简要介绍。如果该多媒体展项用到投影设备,那就需要考虑其安装方式、投影距离和投影流明等因素,以达到良好的投影视觉效果;如果使用音频设备,那就需要考虑展项的建声设计,以达到良好的声学效果而避免声音污染。这里建声设计必须考虑的两个因素就是装修安装设计和音频设备本身的选型,装修的结构和选用的材料将直接影响声场的均匀度和反射等。音频设备的选型要在预算可控的前提下尽量满足建声设计的参数要求。[3]

(三)场景设计

展厅布展的场景设计要在突出展示主题和内容的前提下尽量兼顾多媒体展示的需求,力促两者完美融合在一起,避免生硬地结合在一起,以达到整体良好的展览效果。很多博物馆展览中的多媒体展览设计方案虽然很好,使用的设备也很先进,但多媒体设备的安装位置给人的感觉是有点破坏了整体的展览效果。造成这种现象的主要原因就在于场景设计这一环节没有好好考虑,因为场景设计需要考虑的因素因使用的设备不同而不同。下面还是以投影设备和音频设备为例来介绍。场景设计过程中要在突出展览主题和多媒体展览可行的前提下尽量隐藏投影设备和音频设备,使其融入场景之中,给观众以"只闻其声,不见音响;只观其影,不见投影"的听觉和视觉效果。这里还有一点值得注意,就是多媒体展览融入场景固然是好,但过于融入场景可能会给后期的设备检修带来不便,所以在场景设计中要考虑到在不破坏整体展示效果的前提下尽量预留相应的设备检修口以便日后检修。

(四)展览内容及形式设计

多媒体展示的内容应是对展览已有文物、标本或图文图版的全面正确补充,这里尤其需要注意的是多媒体展示内容的科学性和典型性。中国湿地博物馆在对湿地知识进行论述和模拟时将科学性放在第一位,避免随意增减内容造成对专业知识的错误表达,选择模拟阐述的案例也充分考虑其典型性;多媒体展示形式的设计要符合展项整体的设计风格,如果场景复原展示的是复古的风格,那展示的形式就要设计成古朴的风格,如果场景复原展示的是现代的风格,那展示的形式就采用现代的风格,以便二者协调统一。此外还应注重对色调、灯光等因素的刻意控制,以便更好地表现展示主题。多媒体展示应是服务于展览主题和内容的有效形式之一,展览中多媒体展示内容运用什么样的形式来表现,要根据展览主题和内容的不同分别对待,不能一概而论,不同的类型要采用不同的表现形式。例如,中国湿地博物馆中国湿地厅湿地类型场景所要表现的内容主要靠湿地复原场景和各种湿地动植物标本来反映。在多媒体内容制作上主要结合了湿地复原场景和各种湿地动植物标本,使用 3D 建模、2D 动画、视频资料、插图等不同方式，虚实结合，以内容为实，以形式为虚，再现中国典型湿地场景；在多媒体展示形式上，主要以生动的科普影片或互动的多媒体游戏来加深观众对该展项湿地知识的了解和学习。

(五)展项稳定性

再精彩的多媒体展示，如果性能不稳定或者维修非常不方便，就很难持续发挥其在展览中应有的作用，相反还会因为其运行不稳定严重影响展览的整体效果。国内有很多博物馆刚开馆的时候多媒体展示很先进也很好，但因为缺乏对大众使用这一特点的准确把握，因频繁使用或使用不当，设备经常处于维修状态，有的根本无法继续使用，严重影响了参观效果和观众情绪。造成这种情况的主要原因还是在于规划设计时没有考虑到多媒体展示的稳定性。中国湿地博物馆在展项规划时从以下 4 个方面入手来确保多媒体运行的持久性与稳定性。

1.分散展览，集中控制

由于展厅面积较大，所以展览比较分散，但各个展览的控制主机可以通过综合布线集中放在各个展厅的控制机房中进行集中管理。据不完全统计，多媒体展览故障率最高的是主机，把主机全部放在机房，一旦主机出现故障，就可以在后台机房检修和更换，不会影响观众的正常参观。

2.设备冗余设计

对于易出故障的多媒体展示设备采用冗余设计，例如投影融合控制主机，一旦原融合主机出现故障，备用主机会自动切换过来保证投影融合的正常进行。

3.手自一体化

所有多媒体展览全部支持手动控制和自动控制，日常运行采用自动控制，所有多媒体展项按设定的程序运行，有效减少了人为故障，运行相对稳定；当有突发事件或需维修时，可以切换至手动控制，实现多媒体展览的有效管理和运行。

4.做好博物馆网络安全规划

通过划分 VPN 将展览局域网与外网及办公网逻辑隔离，并在展览局域网内部全面布置了网络杀毒软件，有效防止病毒入侵，提高网络安全和稳定性。

例如中国湿地博物馆局域网的拓扑结构图（见图1），其原理是将各个展厅的网络接入博物馆局域网，实现整个博物馆的内部网络互联，提高资源的共享程度和对展厅终端的远程控制。为确保整个局域网络的安全，在网络内配置一套200个客户端的金山毒霸网络版杀毒软件（其中展厅电脑约为140台，办公区域电脑约为50台），在可能感染和传播病毒的地方采取相应的防病毒手段。把金山毒霸网络版杀毒软件的Server端安装在一台服务器上，其他机器上只安装客户端即可。当服务器升级了杀毒引擎，进行病毒定义后，其他机器将同步升级，不用逐个操作。利用网络版杀毒软件可以实现远程安装、智能升级、远程报警、集中管理等多种安全防护功能。

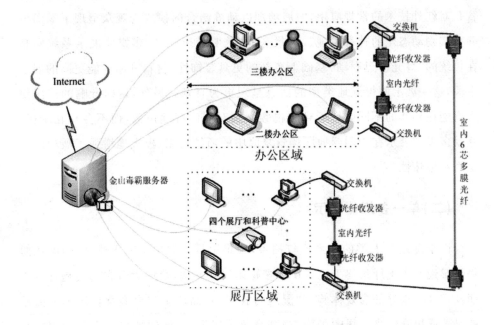

图1　中国湿地博物馆局域网的拓扑结构图

三、多媒体展示的应用

虽然多媒体展示形式有很多，展览内容也千差万别，但中国湿地博物馆多媒体展示的应用可以归纳为以下两种类型：一是跟场景复原相结合，以场景复原展示为主，多媒体展示为辅，多媒体展示起到画龙点睛的作用；二是单一多媒体展示构成的展示形式,主要适用于展示主题比较抽象,无法用具体的场景来描述,只能借助大量多媒体展示来突出主题的场合。

(一)与场景复原相结合

多媒体展示与场景复原的完美结合在中国湿地博物馆的中国湿地厅展览中得到了充分的体现和实践。观众可以在这里探索中国重要的湿地区域,每个景观以亚克力池为主体,结合人造景观、背景壁画、独立标本展架等展陈形式,并配以互动多媒体演示平台、探索平台和红外触控观景台、透明触摸联动系统,讲述中国湿地的传奇故事。红外触控观景台,是红外技术与望远镜的结合,尽管是对红外技术的常规应用,但展项却以动静结合的模式为观众呈现了瞬间将静止实物动态化的神奇景观。场景旁的"透明触摸联动"多媒体展示系统则是在传统的"灯光沙盘联动"基础上革新的更具装饰性、材料利用性能更高的展示手段,这一展示使得湿地类型的信息呈现更为直观。另外,定向音响的使用使观众能在相邻的不同区域听到与视频画面对应的湿地声效,而不会相互干扰。互动多媒体展示在中国湿地厅场景复原中的巧妙运用,极大地增强了展项的知识性和趣味性。

(二)单一多媒体展示

由于湿地与人类的关系比较抽象,很难用具体的场景来描述,中国湿地博物馆湿地与人类厅最终采用了单一多媒体展示方法,给广大游客尤其是青少年朋友带来了很好的参观体验。"湿地与我互动"品质影院大型背投屏幕上播放的是普通民众饮食起居的画面,当观众靠近屏幕时,影像捕捉技术的运用使观众身体轮廓融入影视画面,形成一个小型的播放窗口,展现出与主画面相关的湿地活动,让其对湿地与人类的互动关系产生初步的认识。直径 3 米的互动数字地球流光溢彩,仿佛悬浮于展厅中央,成为展示全球湿地分布的标志性设备,观众可以通过互动数字地球四周的触摸屏装置观看重要湿地的视频影像,并查询湿地类型、气候、植被密度等相关信息。展厅左侧的蚀刻玻璃面板以暗色调图像表现全球湿地面临的危机,观众通过互动触摸屏可以深入了解导致湿地破坏的人为原因。大型视频背投和多点触控游戏台等装置有机结合,充分展示湿地的各种生态功能和带来的社会效益,从而将抽象的科学原理转换为生动形象的展示语言,达到了寓教于乐的效果。

四、结论

展览不仅要给人以知识,还要给人以享受,让人在享受中获得知识,因此展览既要有知识性,又要有趣味性,这样才能让观众参与到展览中来。多媒体展示手段被广泛地应用到了博物馆的各类展览中,让展览的知识性和趣味性完美结合,极大地增强了博物馆展览的宣传和教育效果,促进博物馆的可持续发展。

参考文献

[1] 北京市科学技术协会信息中心,北京数字科普协会.数字博物馆研究与实践2009[M].北京:中国传媒大学出版社,2009:34-35.

[2] 翁小平.触摸感应技术及其应用——基于CapSense[M].北京:北京航空航天大学出版社,2010:119-124.

[3] 刘万年.视音频处理技术[M].南京:南京大学出版社,2009:135-137.

博物馆与非物质文化遗产保护

——以洪泽湖博物馆为例

席大海

（江苏洪泽湖博物馆）

【摘 要】非物质文化遗产是文化遗产的一部分，博物馆是保存文化遗产的重要场所，但在历史上与非物质文化遗产保护工作并未产生关联。如今世界文化在冲突与对抗中也逐步走向了理解与融合，博物馆行业也在自身的发展中衍生出了对非遗保护的诉求。

【关键词】博物馆 跨界 非物质文化遗产

博物馆的功能是什么？按照百度百科解释，博物馆是征集、典藏、陈列和研究代表自然和人类文化遗产的实物的场所，并对那些有科学性、历史性或者艺术价值的物品进行分类，为公众提供知识、教育和欣赏的文化教育的机构、建筑物、地点或者社会公共机构。

何谓非物质文化遗产？根据联合国教科文组织的《保护非物质文化遗产公约》定义，非物质文化遗产（Intangible Cultural Heritage）指被各群体、团体、有时为个人所视为其文化遗产的各种实践、表演、表现形式、知识和技能及其有关的工具、实物、工艺品和文化场所。各个群体和团体随着其所处环境、与自然界的相互关系和历史条件的变化不断使这种代代相传的非物质文化遗产得到创新，同时使它们自己具有一种认同感和历史感，从而促进了文化多样性和激发人类的创造力。

博物馆是保存有形文化的场所，非物质文化遗产保护工作是保护人类的无形文化,这两者的跨界结合将会碰撞出哪些火花?下面笔者以洪泽湖博物馆为例,谈谈博物馆与非物质文化遗产保护的跨界经历。

一、博物馆保护非物质文化遗产的优势

非物质文化遗产传承的途径有两种。一种是人们通过口耳相传的方式进行传承,例如民间音乐类的"蒙古族长调民歌""十番锣鼓"等,杂技与竞技类的"吴桥杂技""少林功夫"等,民俗类的"春节"(图1)、"端午节"等。通过研究这些项目的传承方式,我们发现,这些项目都有共同的特点,那就是它们在传承时都是由师傅或者长辈进行口头指导或者手把手教导,很少有使用文字方式进行传承的。这是由于这类非物质文化遗产项目都属于当地人们在生产生活中积累起来的智慧成果,往往无法用文字进行精确表达,因此传承工作极为困难。

图1 春节传统文化展

另一种非物质文化遗产传承方式是通过物质载体的方式进行保存。人们一方面仍然可以通过口传心授进行学习,另一方面可以通过保留有非物质文化遗产技艺的物质载体进行研究。例如手工技艺类的"宜兴紫砂壶制作技艺""南

京云锦木机妆花手工织造技艺",民间美术类的"杨柳青木版年画""藏族唐卡""剪纸""苏绣",戏剧类的"昆曲""秦腔"等。研究这类非物质文化遗产项目的传承方式,我们发现,通过遗留下来的物品、作品、道具等物质载体,我们依然可以揣摩出当时人们在创作时使用的技艺。

博物馆是对"物"进行展示研究的场所,博物馆行业拥有最好的保存物品的硬件设施,诸如剪纸、版画、刺绣类非遗作品,可以在博物馆内得到恒温、恒湿书画柜的全面保护,极大地延长了这些非物质文化遗产载体的保存时间。博物馆行业拥有专业的研究人员,文博系统拥有一大批能够对物品进行技术分析的专业人员,可以对一些仅保留载体但技艺失传的非物质文化遗产进行复原与技艺还原。同时博物馆行业还拥有最佳的展示平台,博物馆可以利用展厅及其他科技展示手段对非物质文化遗产项目进行宣传推广,一方面扩大了非遗项目的影响力,另一方面也能够夯实非遗传承活动所需的传承人基础。其实我国许多博物馆在日常工作中,已经自觉不自觉地收藏、保护了一批非物质文化遗产,但非物质文化遗产保护工作与博物馆的结合依然需要时间。

二、洪泽湖博物馆保护非物质文化遗产实例

洪泽湖渔鼓是洪泽湖地区渔文化体系的重要组成部分,是洪泽湖地区渔民在长期的生产生活中形成的传统习俗,渔民通常在家族祭祀活动、节庆活动等特定时间聘请渔鼓艺人进行祈福(图 2)。洪泽湖渔鼓在长期流变过程中受外界干扰较少,因此完整保留了渔民习俗及历史,是研究洪泽湖渔民风情的活史料。这一项目的发现与保护,就得益于洪泽湖博物馆的参与。

图 2 渔鼓祈福活动

洪泽湖博物馆(图3)建馆初期进行了大规模的洪泽湖地区特色文物征集活动,在征集的藏品中,一件清代渔人夫妇铜像(图4)引起了馆内工作人员的注意。此铜像为双人像,高4.6 cm,一老妇左肩背一口袋,右手拿鼓,一老头盘腿而坐,左手拿鱼。铜像似一对老夫妻打鱼归来载歌载舞之景,二人神态逼真,喜悦之情溢于言表。但这一铜像手中拿着的鼓为何物?有何用途?经过多方走访,湖区渔民告诉我们,这铜像反映的是洪泽湖区早期广泛流传的一种渔家风俗,即洪泽湖渔鼓。洪泽湖渔鼓的核心为请神还愿,但早期一些渔鼓从业者利用渔民文化水平不高的缺点,用渔鼓从事迷信活动并且存在敲诈等违法行为,因此在新中国成立后作为迷信活动一度被禁止,许多渔鼓艺人在政府要求下停止渔鼓活动,传承一度中断,造成人才大量流失,项目濒临失传。得知这一消息后,我馆领导及工作人员研究后认为,尽管洪泽湖渔鼓包含一些宗教色彩,但这一民俗活动剔除封建迷信糟粕后,其内容还包含了洪泽湖地区历史变迁、渔民生产生活习惯的变化等诸多内容,如果放任其自生自灭,这些湖区渔民的历史将永久湮灭在人们的视野里。

图3 洪泽湖博物馆外观

图 4　清代渔人夫妇铜像

那么,如何利用博物馆资源对渔鼓进行保护呢? 我馆迅速制订了相应的保护方案。主要分先期保护、中期研究、后期传承三部分。

首先是先期保护工作。我馆利用藏品征集调查工作时机,深入湖区走访渔民,寻找渔鼓艺人。由于早期渔鼓表演曾被视为封建迷信活动而遭受过打击(图5),出于戒备心理,渔民一直不愿意跟我们交心,甚至不愿意跟我们谈论洪泽湖渔鼓。经当地文广站介绍,我们也积极向渔民宣传国家与各级政府的非物质文化遗产保护条例及相关保护措施后,慢慢取得渔民信任,最终湖区渔民介绍我们与目前仅存的一支洪泽湖渔鼓队取得联系。

当第一次被邀请观摩洪泽湖渔鼓表演时,我们既惊叹于洪泽湖渔鼓这一湖区渔家文化的宏大内涵,又惊讶于这支渔鼓队渔鼓艺人平均年龄已达七旬,这让我们深深感到,保护好渔鼓这一湖区特色民俗已经到了刻不容缓的地步。保护工作的当务之急就是对渔鼓表演进行保存,我们利用馆内资源,使用录音笔、照相机、摄像机等设备对洪泽湖渔鼓的表演及道具进行了数字化保存和收集。当为期一个月的数字化保存工作结束后,我们都松了一口气,因为在这期间一旦有渔鼓艺人去世,那洪泽湖渔鼓就面临人亡艺绝的境地。

其次,在做好洪泽湖渔鼓的多媒体资料保存工作后,我们开始对洪泽湖渔鼓进行全面研究。由于洪泽湖渔鼓是典型的口耳相传式传承,因此对于洪泽湖

图 5　早期带有封建迷信色彩的渔鼓表演

渔鼓历史渊源的挖掘成为我们的研究难点，为此，我馆深入湖区及周边泗洪县等地广泛寻找材料及证据，收集了剧本、唱词、刻纸等一批资料。通过研究收集到的资料，结合艺人的口述及相关文艺类史料，我们最后得出一个初步结论：洪泽湖渔鼓是在清代由山东传入的端鼓流变而成的具有洪泽湖湖区特色的渔民习俗。研究洪泽湖渔鼓在传入洪泽湖湖区后的流变过程及代表性人物的历史，是我们下一步工作的重点内容。

最后是传承工作。在传承过程中，我们充分利用博物馆的宣传优势，制作了洪泽湖渔鼓展板进行宣传，组织各界人士参观，特别是组织中小学生参观（图6），向他们介绍洪泽湖渔鼓的历史、特点，扩大洪泽湖渔鼓受众范围，增强洪泽湖渔鼓隐性传承力量。除了"引进来"，我馆在保护洪泽湖渔鼓时还积极"走出去"，利用每年的"文化遗产日"活动，将洪泽湖渔鼓搬上舞台（图 7），向周边百姓宣传洪泽湖渔鼓。通过我馆的努力，洪泽湖渔鼓从之前濒临失传，到目前有多支洪泽湖渔鼓表演队。2015 年洪泽湖渔鼓被公布为国家级非物质文化遗产项目。

图6　外国语实验学校学生参观渔鼓文化展厅

图7　获江苏省第三届农民体育节展示项目比赛一等奖的《欢乐渔鼓》表演

　　洪泽湖博物馆除了对洪泽湖渔鼓进行保护外,还对洪泽湖渔家婚嫁、洪泽湖民俗风情剪纸、木船制造技艺等87个项目进行了保护传承与推广宣传。

三、经验及问题

洪泽湖博物馆在多年的非遗保护工作中,为洪泽湖湖区的非物质文化遗产保护与传承做了许多工作,将一大批非物质文化遗产项目从面临失传的境地挽救回来,在这过程中有成功的喜悦,有不被理解的困惑,也有对失传非遗项目未能进行及时保护的遗憾。

首先,我们认为博物馆行业从事非物质文化遗产保护工作是有着许多先天优势的,因为博物馆收藏展示的许多文物精品都包含着极为深厚的非物质文化遗产信息,而这些信息不是从事博物馆行业的人是无法得知的。例如前文提到的由一尊铜雕像引出的洪泽湖渔鼓。如果不是在文物征集过程中得到这一尊铜像,也许洪泽湖渔鼓现在已经失传。此外,博物馆内良好的硬件设施,能够为非物质文化遗产项目的物质载体提供良好的保存与展示条件,可以将剪纸、版画、音视频资料等进行妥善保存,这也是目前许多从事非物质文化遗产保护的部门所无法提供的。

以洪泽湖博物馆为例,自洪泽湖博物馆开始进行非物质文化遗产保护工作以来,成功申报了 1 项国家级非物质文化遗产、6 项省级非物质文化遗产、38 项市级非物质文化遗产,建立了 13 个非物质文化遗产传承基地,配合建立了洪泽湖渔文化博物馆。这些工作一方面为洪泽湖地区的非物质文化遗产保护提供了有力帮助,另一方面也为淮安市洪泽区的旅游工作提供了内容保障,因此洪泽湖博物馆多次受到省市县各级政府及部门的肯定与表扬。

其次,我们认为博物馆行业从事非物质文化遗产保护工作依然有许多困难。因为目前承担非物质文化遗产保护工作的部门是各地的文化馆,因此无论在经费还是人员配备上,政府都倾向于文化馆。博物馆行业从事非遗研究大多为义务劳动,无人员、无经费。许多优秀的非物质文化遗产项目,受困于经费窘迫无法进行下一步的传承与宣传。如果不能解决这一问题,我们担心许多濒临失传的非遗项目,将会因缺乏宣传与保护而消亡。

四、结语

非物质文化遗产是我国各个民族、各个地区人民在长期的生产生活中总结出来的优秀生活、劳动、审美的经验,既包含着祖辈的智慧,又启迪着未来。如今,我国的博物馆事业有了突飞猛进的发展,就博物馆的发展而言,也不应一成不变、故步自封,我们也应该让博物馆所涉及的内容越来越广泛。博物馆行业作为文化行业的重要力量,对非物质文化遗产保护既有先天优势,又有发展需求,应该也必须在非物质文化遗产保护工作中做出重要贡献。如果政府能够为从事非物质文化遗产保护工作的博物馆提供资金支持,建立多种形式的非物质文化遗产博物馆,笔者相信,有了这些非遗博物馆的示范作用,一定会带动更多博物馆同人参与到这项工作中来。

论博物馆教育与非遗工艺之融合

闫　娟

（北京延庆野鸭湖湿地自然保护区管理处）

【摘　要】本文通过介绍野鸭湖湿地博物馆创新科教形式，将湿地博物馆教育与民间传统手工艺——芦苇画非遗工艺品制作跨界融合，开发校外教育课程，并与延庆太平庄小学共同合作开展活动的成功经验和思路及做法，与同行分享，为今后的科教工作积累更多经验，碰撞出新的火花。

【关键词】非遗工艺　跨界融合　校外课程

一、野鸭湖湿地博物馆简介

北京野鸭湖湿地博物馆位于北京地区面积最大的湿地自然保护区——北京野鸭湖湿地自然保护区之内，是一座建筑面积 3650 平方米，拥有 4 个独立展厅、实验室、科普活动室、多功能厅的湿地主题博物馆。博物馆内以介绍湿地相关知识为主，协同全市中小学共同开展校外科普教育活动，将湿地与博物馆教育相结合，最大限度地普及湿地科普知识。

二、野鸭湖芦苇画非遗工艺的发展

(一)芦苇画工艺简介

芦苇画制作是一项传统的民间手工艺,作品取材于湿地常见植物——芦苇,经过挑选、整料、修剪、熨烫、平展等步骤,形成最基本的原料,再通过设计图样、粘贴、雕刻、着色,利用芦苇的自然色差以及熨烫的效果最终形成一幅精美的芦苇画工艺品。芦苇画制作工艺以白洋淀最为精湛,自 2009 年被列入河北省非物质文化遗产名录以来,此项技艺得到进一步保护及传承。

(二)芦苇画制作技艺在野鸭湖的发展

野鸭湖具有丰富的湿地资源,芦苇是野鸭湖湿地最主要的植物。为了有效利用这一天然材料以及开发特色工艺产品,2007 年,野鸭湖特别成立了一支队伍赴河北白洋淀学习制作芦苇画工艺品。经过多年的摸索和探究,该队伍已经掌握芦苇画传统制作技艺且达到较高的制作水平,并结合当地特色将其发展成为具有野鸭湖湿地特色的工艺产品。

三、项目融合思路

(一)与传统工艺跨界融合,以达到博物馆教育的目的

为向公众传播湿地知识、保护生态环境,野鸭湖湿地博物馆在博物馆基础功能展览的基础上积极开展各类校外教育活动,并开辟了专门的活动区域为活动所用。而如何主动发挥博物馆的教育功能,使湿地资源与博物馆有效结合,以承担更多的社会责任,一直是我们所思考的问题。而芦苇画工艺品恰好符合这一结合点的要求,将传统工艺与湿地和博物馆教育相结合,既能够传承传统工艺技艺,又能够达到普及科普知识的目的,一举两得。

(二)学校课外教育有效推动这一项目的发展

北京市对基础教育课程进行改革。根据《基础教育课程改革纲要》中"积极开发并合理利用校内外各种课程资源"的要求和《义务教育美术课程标准》中"尽可能运用自然环境资源(如自然景观、自然材料等)以及校园和社会生活中的资源(如活动、事件和环境等)进行美术教学"的指导要求,2011 年,距离野鸭湖一公里处的太平庄中心小学向野鸭湖湿地博物馆提出开展一节校外活动课程以提高学生的参与性、培养学生的动手能力及学习湿地知识的要求。

结合学校的要求,野鸭湖湿地博物馆开始以湿地资源与传统工艺相结合的形式开展科普教育活动。湿地博物馆的创新思路与学校教育的改革推动了"湿地博物馆与芦苇画非遗工艺合作项目"的发展。

四、跨界融合过程

(一)打破束缚,开展跨界学习

野鸭湖工艺品部门虽然已经具备多年制作芦苇画工艺品的经验,也有几名技艺精湛的职工能够创作出水平较高的作品,但是人手有限,不足以开展湿地宣教,野鸭湖湿地博物馆更没有能够参与此项活动的工作人员。为增强项目团队的力量,提高技艺,野鸭湖湿地博物馆决定让博物馆的工作人员全部参加芦苇画工艺品的学习和制作,要求能够达到单独指导学生开展活动的水平。经过一年多的业余学习,大家都对芦苇画工艺有了深刻的了解,可以独立设计制作工艺作品,并且有几位能够做出较高水平的作品。经过考核挑选,部分博物馆工作人员进入项目团队参与今后的活动。

(二)宣教融合

野鸭湖湿地博物馆临时展厅对外展出优秀芦苇画工艺作品,在公众参观的过程中,讲解员向前来参观的学生、游客们讲解芦苇画的原材料芦苇及它所生长的湿地环境,介绍湿地知识、芦苇画工艺品的制作过程和其中蕴含的中国民间传统文化。公众在了解湿地知识的同时还了解了这一特色民间工艺,在欣赏精美非遗工艺作品的同时也加深了对湿地知识的记忆。

博物馆每周开展一节芦苇画制作课程,由野鸭湖湿地博物馆工艺技师现场教学生制作,并应学校的要求前往太平庄小学为学生上课。(图1)在教授的过程中,老师会巧妙地将湿地知识贯穿在其中,以激发学生的学习兴趣,使学生主动参与到活动中,以他们自己的接受能力去理解作品本身蕴含的意义,在提高手工技巧的同时学习到湿地知识和中国民间传统文化。

图1 野鸭湖湿地博物馆工艺技师现场指导学生制作芦苇画

（三）开发跨界教材

野鸭湖和太平庄中心小学在芦苇画制作活动中不断地探索实践、总结经验，积累了丰富的教学经验。太平庄小学的"芦苇粘贴画"校本课程（图 2）也应运而生，成为学生实践活动课中的参考和帮手。书中介绍了芦苇粘贴画的基本知识、制作过程以及 12 类芦苇粘贴画制作方法，有鸟类、植物、卡通、人物等等，以便学生能够学习到各种类型、各种难度的芦苇画粘贴技巧。

图 2　芦苇粘贴画制作课程课本

（四）芦苇画工艺品制作过程

芦苇画的制作过程并不是非常复杂，一般情况下，学生完全可以在短时间内掌握基本的操作，而熟练之后可以进一步提高技艺。芦苇画制作分成选料、修剪、熨烫原料、绘图、分解图样、粘贴图样、熨干图样、修剪分解图、熨烫颜色、拼合芦苇、装裱等环节。学生在湿地博物馆讲解员的带领下开始逐步了解湿地，认识湿地常见植物、鸟类，了解湿地的功能、湿地对人类的影响，等等，从而知道芦苇画工艺品制作与湿地之间的关系，不再盲目地学习一项手工课程。而在制作的过程中，熨烫颜色是最难的部分，学生在老师的指导下通过不断实践逐渐体会熨烫工艺在芦苇画制作中的乐趣，并体会传统技艺的精妙之处。

五、活动成效

经过五年多的努力，野鸭湖湿地博物馆芦苇画工艺品制作课程已经成为校外课程中的精品，而与之对接的太平庄中心小学则成为我们活动的最佳合作学校。从芦苇画工艺品制作课程中汲取开发校外课程的经验，野鸭湖湿地博物馆相继设计了绘画、摄影、手工制作等相关艺术类课程并成功开展了多次影响力较大的科普活动，也成为"北京市初中开放课程"和"利用社会资源丰富中小学校外教育项目"首批资源单位。而太平庄中心小学的学生也携带自己制作的精美作品（图3）参加了延庆区第一届、第二届"中小学生嘉年华活动"，北京市民族学会来校展示活动（图4），以及延庆区端午文化节非遗项目展示活动等。

图 3　太平庄中心小学学生精美参赛作品

图 4　北京市民族学会来校展示活动

归纳起来,"湿地博物馆与芦苇画非遗工艺合作项目"取得了如下成效:

(一)提高了公众对湿地及非遗传统文化的认识

通过开展湿地博物馆和非遗传统工艺跨界融合项目,前来博物馆参观的公众在了解湿地知识的同时也进而了解到传统工艺品的制作过程,增加了两方面的知识。

(二)帮助学生学习了湿地知识

学生在学习制作芦苇画工艺品的过程中,通过参观湿地博物馆了解到湿地相关知识,还在进入湿地采集植物的过程中亲眼看到各种湿地植物和鸟类,并通过老师的讲解和自主学习掌握湿地知识。

(三)丰富了学生的课余活动

学生通过来湿地博物馆参加工艺品制作活动,提高了学习兴趣,在采集和设计图纸的过程中也能够亲眼观察到湿地鸟类和植物,并通过观察激发创作的灵感,创作出独具特色的工艺品,提高他们的审美能力及制作技艺。

(四)培养了学生团队合作意识

芦苇画工艺品制作需要团队成员的有效配合,每个成员需要参与不同的环节,学生在学习芦苇画制作的过程中能够学习到如何与人合作,培养了他们团结协作的意识,为今后进入更高层次的学习和工作奠定了良好的基础。

(五)提高了学生动手实践能力、审美能力

中国民间传统工艺的发展离不开发现美的眼睛,学生在学习的过程中需要细致观察生活、创作图稿、搭配色彩及装饰作品,这些都能够培养一个人的审美能力,提升素质。

(六)发挥了湿地博物馆的作用

一直以来,湿地博物馆都以单纯地宣传湿地知识为主,而此次与传统工艺相融合的活动形式既宣传了湿地知识,用大家更容易接受的形式来传播湿地知识,达到科普宣教的目的,又发扬了中国传统文化,将芦苇画制作这门传统的技艺传承下去。

(七)为博物馆宣教开辟了新的方向

博物馆宣教一直以来都专注于特定的知识范围而进行,这种形式略显枯燥,不能够充分激发公众对湿地知识的兴趣,而将博物馆宣教与芦苇画工艺相结合的创新活动形式却激发了公众对湿地和传统工艺的兴趣,在轻松愉快的过程中达到了宣教的目的。

六、建议和发展

(一)加强学习,了解更多领域

湿地博物馆的工作人员需加强学习,了解更多领域的发展,并通过研究将

湿地领域与其他行业相结合,碰撞出新的火花,获取更多灵感。

(二)加强实践,勇于尝试

湿地博物馆应与各行各业沟通和交流,获取灵感并多做实践性活动,在实践中积累经验,从而理清发展思路,为博物馆事业开辟新的道路。

参考文献

[1] 田钰莹.白洋淀芦苇画非遗文化产业项目开发利用研究——基于迈克尔·波特"钻石模型"[J].青年与社会,2013(10):223-224.

[2] 林宇新.清水出蒹葭　天然去雕饰——白洋淀芦苇画的艺术特色[J].科教导刊,2014(4):158-159.

博物馆临时展览海报设计探析

——以中国湿地博物馆为例

周　圆

（中国湿地博物馆）

【摘　要】海报在博物馆的临时展览中应用广泛。作为展览的"宣传者"，海报与观众首先见面，传递出关于展览的相关信息，留下一个好的印象非常重要。本文阐述了博物馆海报设计的特点以及在设计中应遵循的基本原则，并以中国湿地博物馆为例，对临时展览海报设计的艺术表现方法进行探析。

【关键词】博物馆　临时展览　海报设计

随着中国博物馆事业的迅速发展以及临时展览的蒸蒸日上，海报在博物馆中的运用也日趋频繁。海报设计作为具有强烈视觉效果的宣传设计，不仅表述了有关展览的信息，同时含有一定的文化艺术内涵。一幅优秀的博物馆海报能树立展览宣传的形象，能感染观众并激发他们观展的热情。

一、博物馆海报设计特点

博物馆海报，不同于普通的商业海报、电影海报、公益海报，是属于文化海报的范畴。相对于传统的以文物为主的展览，现今临时展览的选题涵盖越来越广，展品的内容也越来越丰富。因此，海报应抓住主题和展品的特点进行设计创作。总的来说，博物馆海报设计具有以下几个特点。

（一）主题性

一般来说，博物馆展览都有特定的主题，海报设计需紧紧围绕主题进行创作。主题不同，受众不同，海报设计的要求和风格也应有所区别。但万变不离其宗，不管形式如何变化，海报设计都应与展览主题高度贴合，切不可故弄玄虚，偏离主题，让观众看得云里雾里、不知所云。

（二）功能性

博物馆海报在展览举行的既定时间内展示，起到宣传展览及介绍展览信息的作用。除此之外，国内外一些较大的博物馆，如大英博物馆、上海博物馆、南京博物院等，除了在博物馆建筑内外张贴、摆放比较大幅的展览海报，还会根据临时展览的主题，配套设计并印刷宣传手册，放在公共区域内供参观者取阅。这些折页手册相对于海报，不仅在文字和图片内容上更加完善，方便观众查看，还可以在参观后留作纪念。

（三）艺术性

一幅好的海报设计作品不仅能起到宣传展览的作用，其本身也应是一件艺术品，给观众带来美妙的视觉体验。博物馆因其在城市公共文化中的重要地位，海报设计更应强调艺术特色。设计前应充分了解展览的文本内容，围绕展品的不同特点，分析展览的受众特征，并从艺术性的角度出发，运用恰当的设计语言表达主题，充分引导观众思考，起到吸引观众参观的作用。

二、博物馆海报设计基本原则

（一）应讲求内部元素的统一

博物馆展览海报设计和其他海报设计一样，应讲求文字、图像等内部各个元素的统一，否则海报将会变得不堪卒读。文字作为海报中的重要组成部分，除了具有传递展览主题、展览时间、展览地点、主协办单位等信息的作用外,更可作为设计元素出现,成为海报图像的一部分,协调整个版面的构图,起到平衡的作用。另外,图像信息也是海报设计中的重点。海报属于"瞬间艺术",要做到在有限的时空内让人过目难忘,就需要做到"以少胜多,以一当十"。无论选用何种图像,简洁明确、表现主题、艺术表现力强是基本要求。一幅具有代表性的、直击观众内心的图像,往往比一堆杂乱的文字在视觉上更有吸引力。

(二)应与展览风格相一致

博物馆海报作为展览设计的重要组成部分,还应与展览的展陈风格相一致,与整个展览成为一个整体。展览的主题,展品的特点,整体的基调,通过海报这一展览"代言人"传递给观众。比如将展厅选用的主色调或是图版设计所用到的元素在海报中首先体现出来,不仅可以深化展览的主题,更能加深观众对展览的印象。

三、博物馆海报设计案例分析

中国湿地博物馆年均举办 10 场临时展览,海报作为展览的必需品在展览展出期间与观众见面。海报的尺寸为 146 厘米×88 厘米,一般采用 KT 板或雪弗板制作,有固定的海报展架,通常博物馆入口和中庭入口各放一幅为展览宣传。根据主题和展品的特点,在此将展览海报设计分为自然科学、人文艺术、民俗文化、书画摄影四个类别。

(一)自然科学类展览海报设计

1."碧海遗琼·奇古绛树——珊瑚文化展"(图 1)

展览介绍:展览向观众展示造型各异、五彩斑斓的珊瑚标本,以及构思巧妙、制作精湛的珊瑚手工制品;普及珊瑚、珊瑚礁、珊瑚保护等科学知识;宣传与珊瑚有关的宗教、服饰、艺术、诗歌、医药等文化。旨在通过文字、图片、实物标本及现代工艺品的综合展示,使广大观展者意识到珊瑚对于生态平衡的重要性,以此唤起人们对于珊瑚及生态环境的保护意识。

设计分析:画面以蓝色为主基调,虚实结合,引人入胜。前方的五彩珊瑚与后方的蓝色海洋背景相互衬托,真实又不失趣味感。其中的背景部分选用了同一种色系,但明度不同的蓝色,显得统一且层次丰富。主题与副标题等文字信息也同样选用了该色系,舒适和谐。整个画面在视觉传达上首先引导观众看到前方的珊瑚群,然后引导至标题文字及蓝色的海洋背景。

图1 "碧海遗琼·奇古绛树——珊瑚文化展"海报

2."生命奥秘·脊椎王国——动物标本展"(图2)

展览介绍:展览分为运动系统、消化系统、循环系统、呼吸系统、泌尿系统、生殖系统、神经系统和生物塑化技术8个单元。共展出大型脊椎动物整体生物塑化标本12件,其他生物塑化标本50余件。完整细致地展现了物种形象及其内部组织结构特征,从比较解剖学的角度诠释不同生物的同源器官、同功器官、痕迹器官的演化,真实生动地讲述了生物进化的神奇和物种的生命之美。

设计分析:海报选用了实际展出的一组河马动物标本为设计元素,将河马的肌肉标本和骨骼标本面对面放置,产生较为震撼的视觉效果。画面的土黄色色调及底部的草木仿佛让人置身苍茫的大地,吸引观众进入脊椎动物生命奥秘的探索之旅。文字信息作为一个整体出现在海报的上方。展览主题"生命奥秘·脊椎王国"选用了风格较为硬朗的美术字体,蕴含脊椎动物生生不息的含义,在颜色上选用了褐色和土黄,与主题及海报的整体风格一致。

图 2 "生命奥秘·脊椎王国——动物标本展"海报

3."绿叶繁花——西溪湿地植物展"(图 3)

展览介绍:展览以植物标本展示与实景还原相结合的形式,共展出植物蜡叶标本 142 件,植物浸渍标本 40 件。生动地展现了西溪湿地常见的植物和经典的植物景观,使人们在享受西溪湿地植物自然美的同时,增强了对湿地及其植物的保护意识。

设计分析:海报具有科普展简洁明快的设计风格,以三角形这一几何图形为设计元素,挑选了若干植物及花卉的图片进行排列组合,色彩缤纷的花卉及种类繁多的植物不仅点明了"绿叶繁花"的展览主题,在视觉效果上也非常出挑。同时,版面上方的彩色三角形组合起到了呼应作用。为了整体画面不显得过于杂乱,主题、副标题等展览文字信息全部选用了黑色字体。

图 3 "绿叶繁花——西溪湿地植物展"海报

(二)人文艺术类展览海报设计

1."一代伟人——毛泽东艺术品展"(图 4)

展览介绍:展览在中国共产党建党 94 周年之际举办,展出包括像章、雕塑、刺绣、彩盘等在内的艺术品共计 1400 余件,表达了对伟人毛泽东崇高精神的纪念和缅怀,给观众带来一次难忘的革命传统教育和一份高雅的艺术享受。

设计分析:画面以红色为主基调,以五星红旗和毛泽东塑像为设计元素,飘扬的旗帜与庄严的塑像形成了"动"与"静"的对比。五星红旗上的"井冈山""西柏坡""1949"等词条运用叠加的方式加以显现,起到丰富画面和视觉的作用。画面右侧的毛泽东招手塑像色调偏金黄,寓意在毛泽东精神的引领下,中国正一步步走向更加美好光明的未来。整个画面稳重、大气，与展览的主题及展厅的设计风格高度契合。

图 4 "一代伟人——毛泽东艺术品展"海报

2."壶里乾坤大，杯中日月长——壶具展"(图 5)

展览介绍：中国是陶瓷的故乡，陶瓷的成功烧制，不仅直接影响了中华民族的文明进程，也直接影响了世界文明的发展。壶具有贮水、盛酒、煮汤、烹茶等用途，是陶瓷中最具代表性的一个家族。从 5000 年前的陶壶到汉代的半陶半瓷壶到唐、宋、元、明、清、近代，琳琅满目、异彩纷呈的各种壶具的出现，形象地反映了中华民族劳动人民的聪明才智，以及民族文化的灿烂辉煌。展览共展出中国紫砂壶具、瓷制壶具 150 余件，展品造型多姿、色彩美丽、工艺独特、图案丰富，展现了中华传统文化艺术的魅力与风采。

设计分析：海报设计时，将文物等展品直接展现在观众面前，是一种最常见、运用十分广泛的表现手法。这种表现手法可以充分运用摄影或绘画等技巧的写实表现能力,将主题直接而真实地展示在海报版面上。该展览的海报直接将壶具推到了观众面前。瓷制壶具本身造型美观、色泽圆润。在壶具的背后用传统书画的水墨元素加以衬托,使展品图像处于视觉上最吸引人的位置。主题"壶里乾坤大,杯中日月长"这几个书法字体和运用了印章元素的"壶具展"三个字经过了精心的排列设计,古为今用,体现出一定的文化品位。文字、壶具与远近的山水形成了不同浓淡的黑白灰层次,别有一番韵味。同时,红色在引号和印章两处作为点缀出现,增强了画面的丰富感。

图5 "壶里乾坤大,杯中日月长——壶具展"海报

3."西溪且留下——湿地瓷画艺术展"(图6)

展览介绍:展览汇集了来自全国各地的25位艺术家的作品,选用了较为独特的瓷版画艺术,历时一年的精心筹划与创作。《西溪民俗图》和《西溪景物图》两幅高1.1米、长达35米的长卷瓷版画,全景式地描绘了西溪的民俗与景观,成为西溪版的"清明上河图"和"富春山居图"。同时展出的还有数十件以西溪

湿地为主题的精美瓷艺术衍生品。

设计分析:海报设计采用了青花与水墨的设计元素,风格清新淡雅。画面左侧"西溪且留下——湿地瓷画艺术展"几个苍劲有力的大字来源于中国著名画家姜宝林先生的题词,并做了色彩上的处理,使之与整体画面更加切合。设计还运用了云纹、印章等中国元素,增加了整体的文化韵味。

图6 "西溪且留下——湿地瓷画艺术展"海报

(三)民俗文化类展览海报设计

1."天堂渔事·水乡风情——西溪渔文化展"(图7)

展览介绍:西溪湿地内水渚密布,植被繁多。良好的水域环境,孕育了丰富的鱼、虾等生物资源。西溪人逐水而居,以水为生,早在4000多年前,西溪地区就已有渔猎捕捞作业。到了明清时期,西溪渔业生产达到鼎盛,形成了一整套完整的水产商业体系。随着西溪渔民长期的渔业生产,与渔业相关的文化也得以积累和发展。展览分为西溪渔业概貌、西溪渔业生产、西溪民风渔俗三大单元，既是对西溪渔业发展的阐述，又是对西溪世代百姓从事渔业生产所取得的物质和精神成果的展示。

　　设计分析：海报以水蓝色为基调，采用了"遇繁则简"的艺术表达方式，选用了西溪渔民在船头撒网捕鱼的场景，并运用了剪影效果，画面设计减少了层次感，起到了化繁为简的作用。画面上方排列的鱼纹装饰和"天堂渔事·水乡风情"主题的圆形字体设计都给海报增添了生动趣味感。

图7　"天堂渔事·水乡风情——西溪渔文化展"海报

　　2."糕中滋味·印里人生——西溪印糕版艺术展"(图8)

　　展览介绍：杭州自古就以"鱼米之乡"著称，孕育了悠久的稻作文化，同时也创造了丰富多彩的江南民间艺术。雕花印糕版作为杭州地区民间工艺品的典型代表，有着相当久远的历史。展览荟萃了西溪、杭州其他地方以及京杭运河沿线部分城市的各色糕版共150余块，其中包含较为少见的锡制、瓷制和陶土印糕版。

设计分析：西溪印糕版艺术展海报设计采用中国传统元素，设计提炼了印糕版的外形，并在印糕版上叠加了与诞生、庆寿等相关的年画图案，映衬了"糕中滋味·印里人生"这一主题。书法、民俗年画与印糕版的影像相结合，形成一种质朴动人的画面效果。

图 8 "糕中滋味·印里人生——西溪印糕版艺术展"海报

（四）书画摄影类展览海报设计

1."西溪印记——李忠摄影作品展"（图 9）

展览介绍：西溪湿地位于杭州市区西部，是国内罕见的城市湿地。杭州日报首席摄影记者李忠先生一直关注着西溪的发展，并用摄像机镜头真实生动地记录了这些年来西溪的巨大变迁。展览从一位媒体人的视角展现了西溪湿地十多年的巨大变化和保护成果，共展出蒋村往事、西溪闲趣、湿地博览三个部分共 200 余幅摄影作品。

设计分析：海报以正面的相机镜头为设计元素，将镜头内的画面置换成作者的摄影作品，浅绿色的底纹寓意西溪湿地这些年的绿色生态发展。镜头外，编排了长短宽窄不一的曲线，构成了画面的延伸，具有一定的节奏和韵律感。画面上方展览的主题、英文以及展览的其他重要信息组成一个视觉单元，层次丰富、疏密得当。

图9　"西溪印记——李忠摄影作品展"海报

2."逐梦自然——俞肖剑生态摄影展"（图10）

展览介绍：利用生态摄影，传达自然美的同时，宣扬的是保护生态的理念，也是摄影艺术精神的外化，是灵魂之镜。作者俞肖剑先生从事自然保护区、湿地与野生动植物保护事业数十年，对大自然有着深厚的感情，其作品经常获得各种奖项和发表在各类报刊上，并无偿贡献给公益事业用于宣传教育活动。展览分为鸟语花香、妙趣昆虫、大地之歌、至美西溪四个单元，共展出生态摄影作品300余幅。

设计分析：海报以版面下方的单反相机和摄影作品为视觉重点。摄影作品来源于展出的作品《星轨》,美丽的山林、浩瀚的星空传达了作者热爱自然、执着于生态摄影的情感。图片运用了模糊和书法中"飞白"的效果,使之结合得更为生动自然。主题"逐梦自然"四个字采用竖版美术字的形式,平衡画面,选择绿色,与生态摄影的主题吻合。副标题采用华文中宋加粗,配以英文,部分字母设计为绿色,呼应主题。整体画面疏密协调,节奏分明,有张有弛。

图10 "逐梦自然——俞肖剑生态摄影展"海报

3."湿地主题少儿绘画大赛获奖作品展"

展览介绍:自2012年起,湿地主题少儿绘画大赛已举办了5年。2014年、2015年、2016年的大赛主题分别为"湿地,生命的摇篮""跟着童画游湿地"和"温暖旧时光"。大赛倡导绿色湿地的理念,作品征集面向全国乃至海外,为少年儿童提供了一个展示个人才华的平台。

设计分析:该展览的受众人群主要为少年儿童,展示的画作也是小朋友的作品。因此,海报用色适合采用红、黄、蓝等较为鲜艳、活泼的色彩。又根据每年主题的不同,在设计侧重点上有所区别。例如:2015 年作品展的主题为"跟着童画游湿地"(图 11),海报上方的小朋友们手拿画笔开心地徜徉在温暖和煦的阳光下;版面中间为展览的主题、展出时间等文字信息;版面下方的五彩墨点起到点明展览主题、丰富画面的作用,整体画面效果欢快、阳光。

图 11 "跟着童画游湿地——2015 湿地主题少儿绘画大赛获奖作品展"海报

四、结语

随着博物馆举办临时展览的增多,海报也随之成为展览中一个不可或缺的文化产品。海报是博物馆展览宣传的首要"代言人",是观众接受展览信息的重要载体。海报设计应紧紧围绕主题,并充分运用艺术的表现手法,有效传达展览信息,达到功能性与审美性的统一。

参考文献

[1] 周鸿远.博物馆海报设计案例解析[J].东方博物,2010(37):107-109.

[2] 陈宇.博物馆海报设计探析——以温州博物馆展示海报设计为例[J].温州文物,2013(8):63-67.

[3] 张文蕊.浅谈海报设计在博物馆中的应用[J].环球人文地理,2014(6):248.